J-ALART

Jアラートとは何か

上岡 直見

緑風出版

序・もう忘れたのか

筆者が子どものころは身近に戦争体験者がまだ多くいた。銭湯には貫通銃創の傷跡が残る近所の大人が来ていた。貫通銃創では銃弾の入口側より出口側のほうが傷がずっと大きくなると教わった。玄関先に「靖国の家」の青札が打ちつけてある家もまだ残っていた。外地に進駐した日本軍が、行く先々で物資の徴発を繰り返して、現地の人々の怒りを買った経緯はよく知られている。

徴発とは正式には対価を支払う規則であったが実態は強奪であった。それは内地でも起きていたことを農家だった縁戚の人から聞いた。家族が食べる分の米を隠しておいたが陸軍の部隊が回って来て米を出せと命じた。ないと言うと将校が兵隊に「弾込め！」と命令して威嚇した。仕方なく米を差し出した経験を怒りの感情をあらわにしながら話してくれた。内地の日本人同士でさえこのような態度ならば、外地で対等の人間扱いをしていない相手に対してどれほど暴力的に行われたかは容易に想像できる。

平和運動に対して、好戦的な論者はしばしば「頭の中がお花畑」と揶揄する。すなわち「日本側で一方的に平和や非戦を唱えたところで、相手が攻撃してきたらどうするのだ」と指摘したいのであろう。しかしこの問いは、自衛隊の海外での活動に際して「日本側が平和維持任務だ、後方支援任務だと唱えたところで、相手が戦闘行為だと認識して撃ってきたらどうするのだ」という問いにそのまま置きかえられる。

しかも予想される交戦相手は国に所属しない武装集団も多いから、交戦法規や戦時国際法の順守などは期待できない。自衛隊が武器を携行して集合しているだけで攻撃の意図があるとみなされる。また国家間においても、強力な防衛力は抑止力になるという発想こそ根拠のない楽観である。もし相手側が「人間の価値が安い国」であれば、犠牲をいとわず政治的・軍事的目的を達成しようとするから抑止力は通じない。北朝鮮を例に出すまでもなく過去の日本がそれを実証している。

加えていまの若い世代では戦争体験や被爆体験が伝えられていないのではないか。二〇一七年に北朝鮮の核・ミサイル実験が立て続けに行われた時期に、筆者が担当する大学の講義の学生約五〇〇名を対象に、核攻撃の懸念に対してどのような対策が考えられるか、選択肢を提示せず自由記述でアンケートを実施した。回答を大まかに「対話重視」と「制裁重視」に分類すると、対話が六割・制裁が四割の結果であった。ただしいずれを重視するにしても対話あるいは制裁と併用との回答も多く、専門家でさえ単一の最適解を見いだせない問題に対して常識的な反応であろう。

ところが筆者にとって予想外だったのは、全体の約二割に「日本も核を持つべき」との記述がみられたことである。現在の大学生の世代では核兵器による惨禍を想像しにくくなっているのだろうか。関東の大学という条件もあるが、前述の学生の中で修学旅行や平和教育で広島・長崎を訪れた経験をたずねると、全体の二から三％にも達しなかった。二〇一八年からは朝鮮半島における緊張緩和を模索する動きもあるが、別の側面での懸念がある。それは「核を持てば言いたいことが言える」とい

「日本が戦争に巻込まれたりする危険があると思うか」世論調査

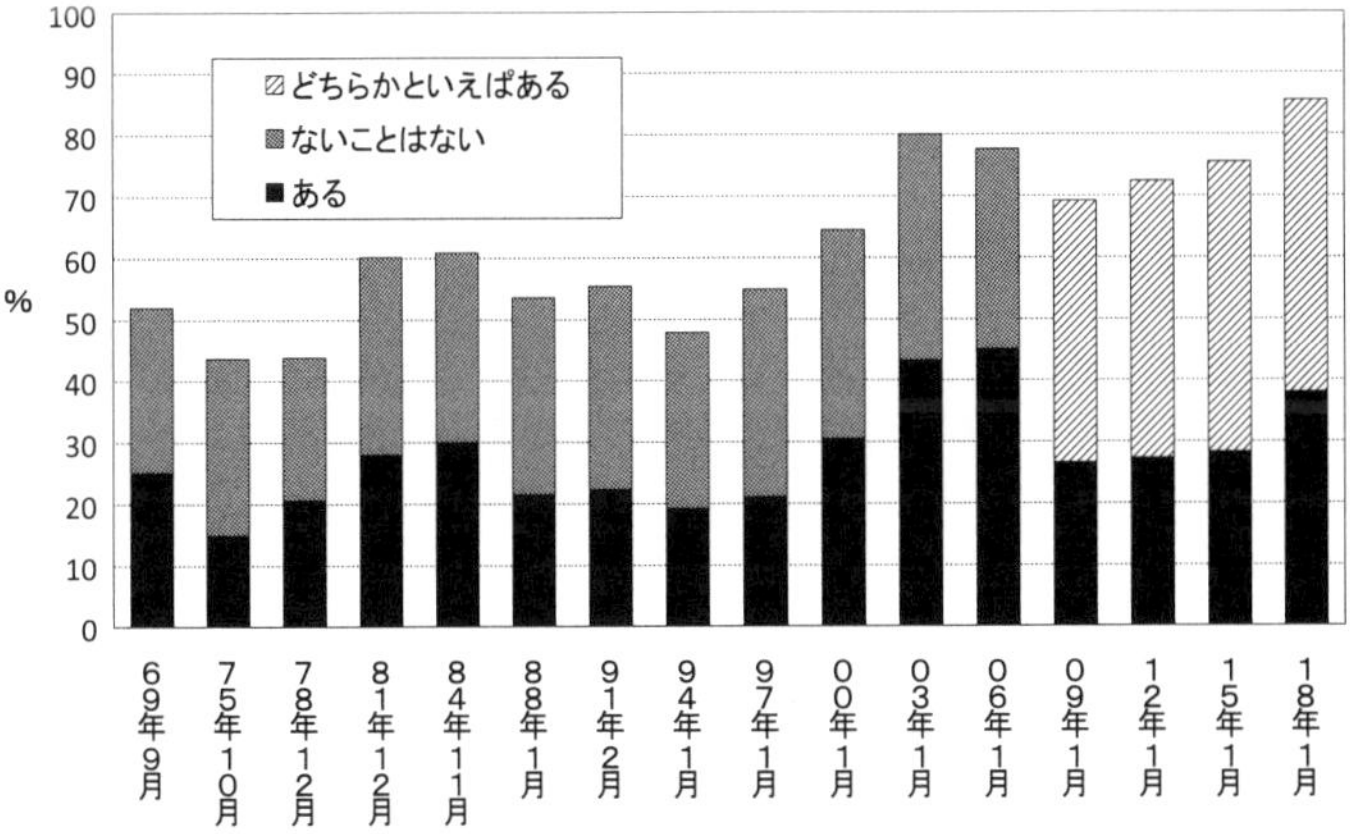

う実績を北朝鮮が示したことになり、日本の核武装論者がかねがね主張している理由を補強する方向に作用するからである。二〇一八年四月にはプロ野球の広島・中日戦で、中日側の観客が「原爆落ちろ」と野次を飛ばしていたことが報道された。[注1] これは単に個人の認識の問題にとどまらず、核に対する社会的なハードルが低くなっている背景があるのではないか。

　政府は「日本が戦争に巻込まれたりする危険があると思うか」という世論調査を半世紀以上にわたり行っている。おおむね三年おきに実施され最近は二〇一八年三月に公表された。[注2] なお同月に米朝会談開催の可能性が報じられたが、アンケートの実施はそれより前である。各回とも「現在の世界の情勢から考えて日本が戦争を仕掛けられたり戦争に巻込まれたりする危険があると思いますか」という同じ項目が継続して設けられている。ただし「仕掛けられたり巻込まれたり」がどのような状態を指すのかは示されておらず、時々の情勢によって回答者のイメージが異なっている可能性がある。また選択肢のうち第一の「危険がある」は同じだが、第二の「危険がないことはない」という選択肢の文章が、〇九年からは「どちらかといえば危険がある」に変更された。

こうした変動要素はあるが、図に示すように二〇〇九年調査から「危険がある」「どちらかといえばある」の合計が増加しており、単純な数値としてみれば二〇一八年三月で調査開始いらい最大となった。別の設問で「あると思う理由」も聞いており「国際的な緊張や対立があるから」が最も多い。一般に東西冷戦は一九八〇年代後半に終結したとされるが、その時期から逆に危険性の認識が高まっている傾向も注目される。

各地で「国民保護法」(「武力攻撃事態等における国民の保護のための措置に関する法律」平成十六年六月成立)に基づいて弾道ミサイルやテロを想定した訓練が行われている。国は国民に対して、また都道府県・市町村は該当する地域の住民に対して生命・財産を保護する義務を負うことは、最近になって登場した概念ではない。「分野を問わず、緊急事態に対する訓練をしておくに越したことはない」と考える人も多いかもしれない。

しかし自然災害と戦争災害は大きく異なる。国民保護法は一連の有事法制の中で登場したものであり、しかも有事法制の中でも国民保護法だけが特異な性格を有する。このため国民保護法を考えるには有事法制に関しても経緯を知っておく必要がある。

他の有事関連法は日本に対する武力攻撃の可能性が高まるなど特定の条件が生じたときに適用されるのに対して、国民保護法だけは常時適用される。また自然災害に対する訓練と国民保護法に基づく訓練では、その影響が大きく異なる。自然災害を想定して防災計画を整備し訓練を実施しても、それが自然災害を誘発するリスクはありえない。これに対して「仮想敵」を想定した訓練を繰り返せば、かえって軍事的緊張を誘発してリスクを増すという指摘もある。[注3]各地でこれまで多数行われた訓練において、北朝鮮を想定していることは事実上明らかであるにもかかわらず「X国」と表記したり「特定の国を想定したものではない」などと言いわけめいた説明が付されているのは、国や自治体が緊張誘発のリスクを自覚しているからであろう。一方で「Jアラート」には最初から「北朝鮮からミサイルが……」というメッセージが決められており首尾一貫しない面もみられる。

Jアラートは武力侵攻や大規模テロだけでなく緊急性のある自然災害の際にも使用される。「緊急事態の発生を国民（住民）に迅速に伝える」という目的では同じように思えるが、大きく異なる点がある。それは前者が「国民保護法」と関連していることであり、それは有事法制や改憲との関連も有している。

この点に関してはすでに多くの論者により議論されているが、本書では国民保護法やそれに基づく国民保護計画や避難訓練に技術的な検討を加えた。二〇一七年度までに各地で二一四回の訓練（国・自治体共同の分）が行われているが、今にもミサイルが飛来するかのような想定が設けられる一方で、「落ちた後にどうするのか」については全く実効性のある対策はみられず、「幸いミサイルはこの近くには落ちませんでした。それでは解散」というシナリオで終わっている。県によっては「他県に落下」などという想定さえみられる。このような訓練に実効性があるのか、何から何を守ることが目的なのか、改めて問い直す必要がある。

ミサイルにかぎらず本当に武力攻撃事態が発生すれば地域全体の住民が避難しなければならない。筆者はもともと「交通」に関連した問題を検討してきたが、避難とはまさに交通の問題である。筆者は二〇一四年に『原発避難計画の検証』[注4]で原発の避難計画を検討し、二〇一七年からは新潟県の原発避難検証委員会[注5]の委員を委嘱されている。福島原発事故では避難に多大な困難を来したことは記憶に新しい。地域全体の住民が避難しなければならない事態は原発事故と共通性がある。

しかしこれが武力攻撃事態となれば、いつどのように動くかわからない「敵」という要素が加わる。自衛隊は戦闘が主任務となり、相手がよほど小規模か弱体で――そのような相手が侵攻するとは思われないが――すぐに事態が収束する見通しでもないかぎり避難を支援する余裕はない。国民保護法とはいったい何が目的なのか、国民保護法を発動させなくてもよい社会をめざすにはどうすればよいのかを考えたい。

第一章では、国民保護法に基づく訓練の経緯を整理し、中でも「Jアラート」と密接に関連するミサイル訓練に関してその実効性を検討する。

第二章では、国民保護法が制定されるに至った経緯や米国と日本の関係を整理し、特に二〇一五年九月に成立した「平和安全法制」と自衛隊の活動の関係を考える。二〇一八年からは朝鮮半島の緊張緩和に向けた模索が始まる一方で、世界にはまだ多数の各兵器が存在する。一方で「核を持てば国際的に言いたいことが言える」という認識から、日本での核武装論が高まるおそれもある。

第三章では、世界の核兵器の現状や北朝鮮の核兵器とミサイルの経緯と現状を整理する。

第四章では、敗戦直後から始まっている日本の核武装論を一覧し、その実現の可能性と阻止の考え方について述べる。

第五章では、核・生物・化学の大量破壊兵器の被害や対策について基本的な事項を整理する。

第六章では、国内の具体的な都市を対象として、大量破壊兵器が使用された場合にどのような被害が生じるのかをシミュレーションする。これまでに多数行われた国民保護訓練では、各地で核・生物・化学兵器が使用されることを想定しているが、「相手方」からみた場合に、これらの兵器をどこにどのように使用すると考えられるのだろうか。特に本書での特徴は、その経済的被害も推定した点である。第七章では住民の避難について検討する。武力攻撃事態が発生すれば住民の避難が必要となるが、そもそも避難は可能なのか。それに近い事態としてすでに我々が経験した福島原発事故も参照しながら検討する。

第八章では、これまでの反核・平和運動の中で比較的関心が乏しいと思われる軍事的な技術事項について、特にミサイルを中心に基本的な事項を解説する。たとえば迎撃ミサイルの有効性を議論するに際して技術的事項の知識は不可欠だからである。

第九章では軍事と「金《かね》」の関係を考える。結局のところ戦争はカネで始まりカネで終わる性格がある。もとよりこの問題は一冊の本の一章で済む議論ではないが、検討のための手がかりを紹介したい。

第十章ではテロやミサイルよりも危険な本当の敵はどこにいるのかを考える。なお本書では多くの先人の研究成果を引用させていただいた。正確な引用に努めたことはもちろんであるが、横書きの文献の引用に際して句読点や数字の表記を和文式に修正するなど便宜的な統一を施している場合もあるのでご了解いただきたい。

注

注1　J―CASTニュース「『原爆落ちろ、カープ!』広島戦で中日ファン野次……批判殺到で本人謝罪」https://news.nifty.com/article/domestic/society/12144-325296/

注2「自衛隊・防衛問題に関する世論調査（平成三〇年一月調査）」である。　https://survey.gov-online.go.jph2 9/h29-bouei/index.html

注3　上原公子・平和元・田中隆・戦争非協力自治体づくり研究会・自由法曹団東京支部『国民保護計画が発動される日』自治体研究社、二〇〇六年、七六頁。鈴木達治郎『核兵器と原発』講談社現代新書、二〇一七年、一九〇頁

注4　上岡直見『原発避難計画の検証――このままでは、住民の安全は保障できない』合同出版、二〇一四年

注5「新潟県原子力災害時の避難方法に関する検証委員会」　http://www.pref.niigata.lg.jp/genshiryoku/1356877582245.html

目次

Ｊアラートとは何か

序・もう忘れたのか・3

目次

第一章　Ｊアラートは何のため？

Jアラートとは

二〇一七年には北朝鮮による核実験や弾道ミサイル発射が続き「緊急事態」に対する人々の関心が高まった。二〇一八年からは緊張緩和の模索もみられるが、北朝鮮が実際に核放棄に向かうかどうかは楽観を許さない。

二〇一七年八月と九月には立て続けに「Jアラート（全国瞬時警報システム）」が作動した。このシステムは二〇〇四年六月の「有事七法案（後述）」の成立と並行して総務省消防庁により開発され、二〇〇七年二月から順次自治体への導入が始まった。

Jアラートに関してはミサイル発射情報が注目されているが、緊急性のある自然災害も対象であり、全体で二五種類のケースに対応したメッセージが伝達される。[注1] 図1—1に示すように自然災害に関する情報は気象庁から、武力攻撃事態等（「等」の意味は後述）に関する国民保護情報は内閣官房から発信され、消防庁が運用する送信システムに集約されて配信される。自然災害以外のJアラートの発信要件は、規模や種類の相違はあるが何らかの武装勢力あるいはテロリスト等に関連した事項である。

二〇一四年四月からは、自治体の防災行政無線の拡声器による警報音の吹鳴《すいめい》とメッセージ放送のほかに個人の携帯電話・端末に対するエリアメール・緊急速報メールへの配信が可能となり、さらに二〇一八年四月からはツイッターへの自動配信も可能となった。このうち自然災害を除いて緊急事態に関する情報は「弾道ミサイル情報」「航空攻撃情報」「ゲリラ・特殊部隊攻撃情報」「大規模テロ情報

図1—1　情報伝達の経路

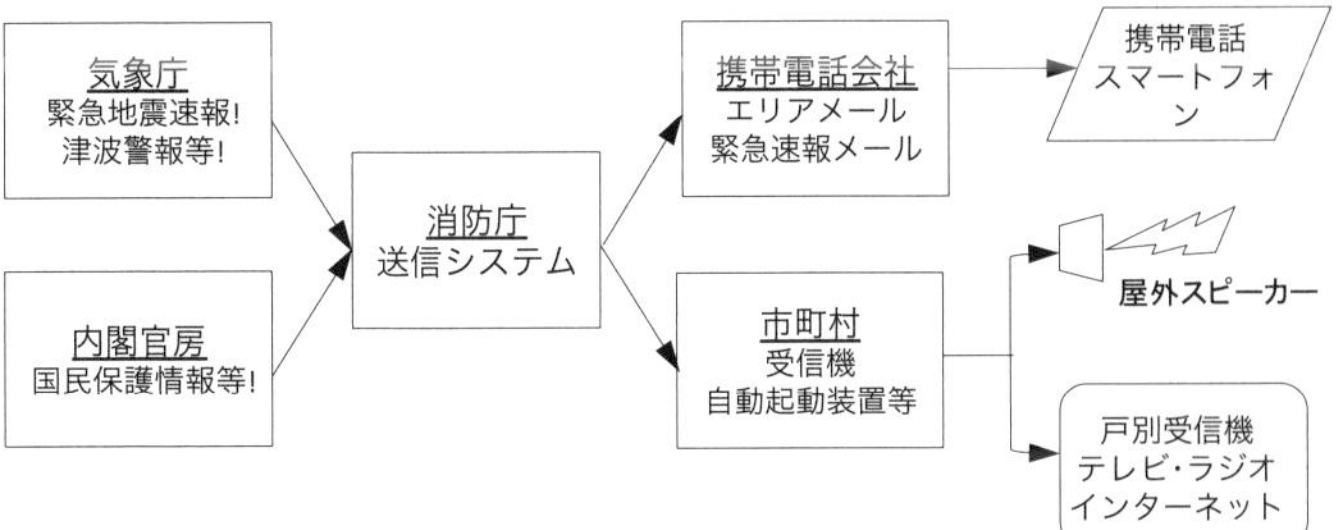

※伝達の技術的方法は省略

（原発やコンビナートへの攻撃、駅や集客施設での爆破や有害物質散布など）」の四種類である。各々の事態の種類を示す文言に続いて「屋内に避難し、テレビ・ラジオをつけてください」という共通メッセージが決められている。国民保護に関するJアラートが実際に起動した事例は本書執筆時点では次の四回である。

二〇一二年十二月十二日（人工衛星打上げとされる飛翔体が沖縄地方上空を通過）

二〇一六年二月七日（同右）

二〇一七年八月二十九日（弾道ミサイルが北海道南部上空を通過）

二〇一七年九月十五日（同右）

弾道ミサイル発射に対応するメッセージは「ミサイル発射。ミサイル発射。北朝鮮からミサイルが発射されたものとみられます。建物の中、または地下に避難して下さい」という内容である。この後の経過により「領土・領海に落下する可能性」「上空を通過」「領海外の海域に落下」の三ケースに分かれ各々に対応したメッセージが伝達される。しかしながら、たとえば二〇一七年九月十五日の四回目の発報の例では対象地域は北海道・東北・北関東・信越の広範囲にわたっており、対象となる数千万人の国民に一斉に図1—2のような避難行動を求めることはかなり非現実的である。

何が緊急事態か

テロやミサイルを想定した訓練は、あたかも町内会の防災訓練と同じような定例行事のように受け止める人も多いかもしれないが、その背景や内容は自然災害とは全く異なる。自然災害も武力攻撃事態等もいずれも「緊急事態」には違いないが、テロやミサイルを想定した訓練は「国民保護法」と関連する点が大きく異なる。政府の「国民保護ポータルサイト」では「武力攻撃事態」「緊急対処事態」について解説している。「武力攻撃事態」とは①着上陸侵攻、②弾道ミサイル、③ゲリラ・特殊部隊、④航空攻撃の四種類のパターンである。[注3]

なお日本領土・領海の上空には他国の軍事衛星なども毎日無数に通過しているが、それらは、警報の対象ではない。政府によるとJアラートは「北朝鮮から発射された弾道ミサイルが日本に飛来する可能性がある場合」とされているが、どこまでが「可能性」であるのかは数値的には明確にされていない。

これに加えて「武力攻撃予測事態」として「予測」という状況が定義されている。これは武力攻撃事態には至っていないが、事態が緊迫、武力攻撃が予測されるに至った事態であると解説されている。たとえば着上陸侵攻を想定すると、相手側が強行上陸しようとすれば艦船の集結などが事前に察知されるはずであるし、それ以前に政治的対立の高まりなど経緯があるはずだから予測は可能と考えられる。これからすると「予測」とは「武力攻撃事態」の前段階であるようにも思えるが、一方で「武力

図1―2　Jアラート訓練の例[注2]

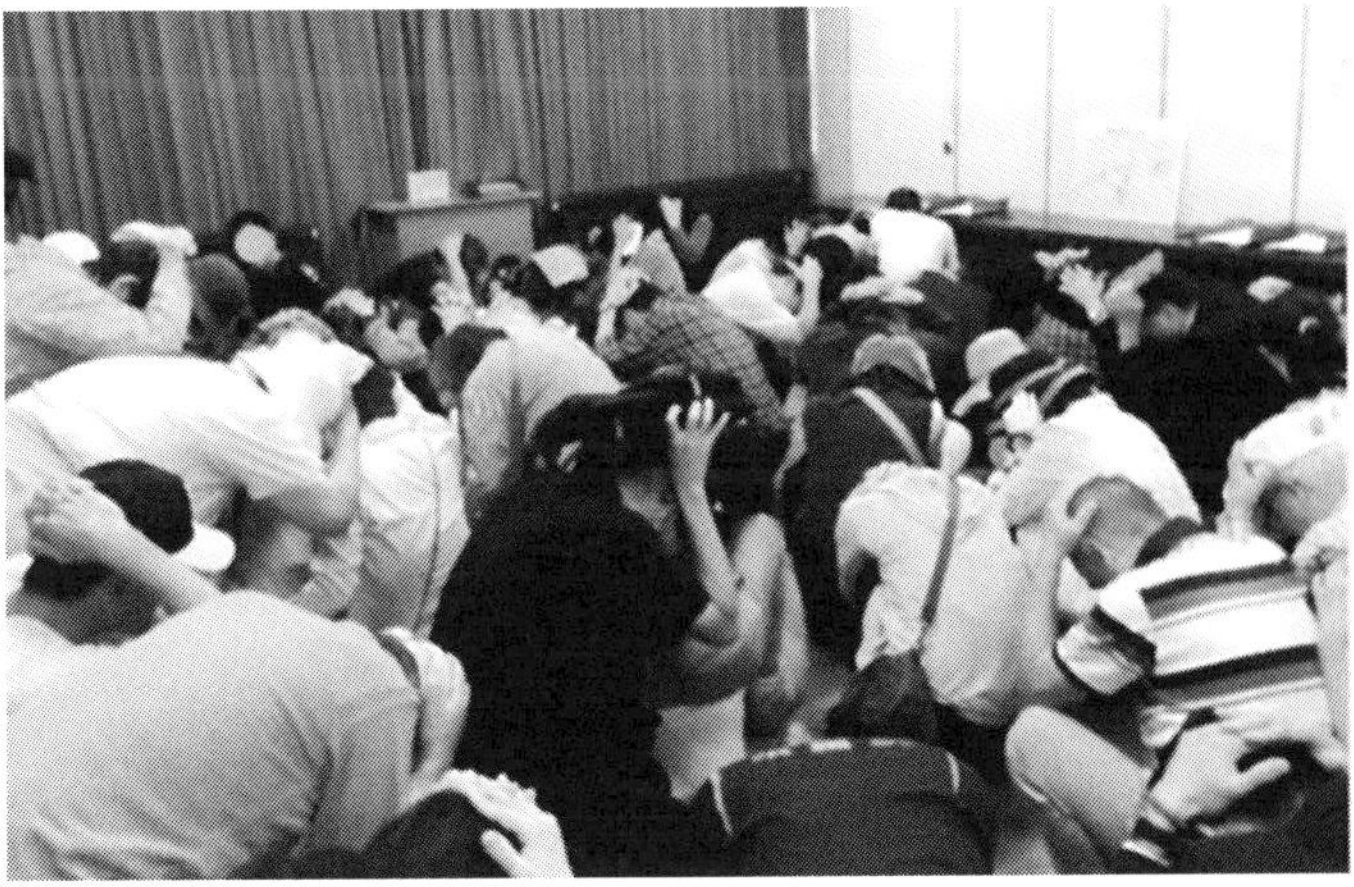

内閣府国民保護ポータルサイトより

攻撃事態」の側でも「武力攻撃が発生する明白な危険が切迫していると認められるに至った事態」と記述されており、両者の境界は明確ではない。

かりに本当に日本に攻撃を企てる国や勢力があるとすれば、できるだけ意図や行動を秘匿するように努めるであろうから、緊迫・切迫といっても日本側がどの段階でそれを察知し、どう判断するのかはあらかじめ明確な境界はない。しかも防衛上の判断としては、日本側が相手側の行動や意図や規模・範囲をどのていど把握しているか自体を相手に対して秘匿する必要があるから、必要な情報が国民に対して随時公開されるとはかぎらない。

さらに似たような名称であるが別に「緊急対処事態」とされる状況も定義されている。これは①危険性を内在する物質を有する施設などに対する攻撃、②多数の人が集合する施設及び大量輸送機関などに対する攻撃、③多数の人を殺傷する特性を有する物質などによる攻撃、④破壊の手段として交通機関を用いた攻撃などの四種類のパターンが想定されている。[注4]いずれも類似した内容であり境界も必ずしも明確ではないが、「武力攻撃事態」では相手側の正規軍による大規模な行動が想定されるが、「緊急対処事態」とは、特殊部隊あるいは国の軍事組織に属さない武装勢力、場合によっては個人によるテロ・ゲリラ活動が想定されている。こうした性格から「緊急対処事態」とは一般に事前の察知が困難であり突発的に発生するケースが多いと考えられるため「予測事態」の段階がない。これらをまとめて政府が提供している解説を表1―1、表1―2に示す。なお「武力攻撃事態」「緊急対処事態」「武力攻撃予測事態」の三ケースを合わせて「武力攻撃事態等」とされる。

国民保護訓練の事例

「国民保護法」第四二条では、国や地方自治体が訓練を行うように努力義務が規定されている。最近では弾道ミサイルに関する訓練に特に注目が集まっているが、国民保護法の施行いらい各種の想定による訓練が多数行われている。実施形態は「図上訓練」と「実動訓練」があり、図上は国や地方公共団体等の対策本部活動及び対策本部事務局について訓練する形態であり、実動は現地において実践的な模擬状況のもとで国や地方公共団体及び住民等が参加して訓練する方式とされている。二〇一八年一月二十二日には文京区で東京都では初めて弾道ミサイルを想定した実動訓練が実施された。場所は地下鉄春日駅・後楽園駅周辺と東京ドームシティアトラクションズ等である。X国から弾道ミサイルが発射され、我が国に飛来する可能性があると判明したとの想定で、訓練項目は防災行政無線等に

表1—1　武力攻撃事態のパターン

武力攻撃事態のパターン	内容・対象
①着上陸侵攻	多数の船舶等をもって沿岸部に直接上陸するとともに、航空機等により降下着陸してわが国の国土を占領する攻撃
②ゲリラや特殊部隊による攻撃	比較的少数のゲリラや特殊部隊を潜入させ重要施設への襲撃や要人の暗殺等を実施する攻撃
③弾道ミサイル攻撃	弾道ミサイルを使用してわが国を直接打撃する攻撃
④航空攻撃	爆撃機及び戦闘機等でわが国領空に侵入し、空対地ミサイルを発射あるいは爆弾等を投下する攻撃（いわゆる「空爆」）

表1—2　緊急対処事態のパターン

緊急対処事態のパターン	事例・対象
①危険性を内在する物質を有する施設などに対する攻撃	○原子力事業所などの破壊（大量の放射性物質などの放出） ○石油コンビナートや可燃性ガス貯蔵施設などの爆破（爆発や火災の発生、ライフラインなどの被災により社会経済活動に支障） ○危険物積載船などへの攻撃（周辺住民への被害、港湾や航路の閉塞、海洋資源の汚染）
②多数の人が集合する施設及び大量輸送機関などに対する攻撃	○大規模集客施設やターミナル駅などの爆破（爆破による人的被害）
③多数の人を殺傷する特性を有する物質などによる攻撃	○ダーティボム（放射性物質の散布、被ばくによる急性あるいは後障害） ○生物剤の散布（感染性の細菌やウィルスの散布、第三者に察知されずに散布されるおそれ） ○化学剤の散布（人の生理機能に支障をもたらす化学物質の散布、サリン等）
④破壊の手段として交通機関を用いた攻撃など	○航空機を奪取しての自爆攻撃（2001年9月の米国同時多発テロ等）

表1—3　最近の共同訓練の事例

日時	形態	実施自治体・場所	想定
2018年1月22日	実動、住民等参加あり	東京都文京区地下鉄春日駅、後楽園駅、東京ドーム遊戯施設	X国から弾道ミサイルが発射され、我が国に飛来する可能性があると判明
2018年1月10日	実動、住民等参加あり	鹿児島県大島郡徳之島町亀津地区	X国から弾道ミサイルが発射され、我が国に飛来する可能性があると判明
2018年2月13日	図上	大阪府庁、東大阪市役所、吹田市役所	国際テロ組織「X」に感化された個人某が東大阪市花園ラグビー場等で、時限式爆破装置を使用、多数の死傷者が発生した。その他、爆発物を発見
2018年2月8日	実動、住民等参加あり	小笠山総合運動公園周辺災害拠点病院等、JR愛野駅、静岡理工科大学	エコパスタジアムで、テログループにより化学剤が散布され多数の死傷者が発生した。その他、爆発物を発見
2018年2月7日	図上	青森県庁、青森市役所	国際会議のシンポジウム開催場所において爆発物を発見、JR青森駅で化学剤散布が発生し多数の死傷者が発生、その他交通機関等で爆破が発生する

よる住民や事業所従業員への情報伝達、地下鉄春日駅・後楽園駅周辺等において、住民や事業所従業員の地下施設や屋内等への避難などである。

法に基づく訓練は二〇〇五年十月から始まり、二〇一七年度までに図上・実動合計で二一四回行われている。[注5] もっとも大部分が爆発物・化学物質の散布、それから派生する立てこもりなど、分類でいえば「緊急対処事態」の範囲であり、本格的な「武力攻撃事態」に関しては少数しか行われていない。実はこの問題は二〇〇五年に国民保護訓練が始まった時点から、現実性が乏しく「法律に合わせて

表1―4　想定のうち特徴的な事例

想定の事例	実施例
原子力施設が特殊部隊等により攻撃され放射性物質の放出（その可能性）	福井県、美浜町（2005年11月） 茨城県、東海村、日立市（2006年9月） 島根県、松江市（2007年11月） 福島県、富岡町、楢葉町、広野町、大熊町（2009年12月）
コンビナート等への攻撃・爆発	北海道全市町村（2006年8月） 秋田県（2009年11月） 香川県（2010年2月） 富山県、冨山市（2010年8月）
生物剤の散布あるいはその可能性（爆発物との複合もあり）	宮崎県、宮崎市、清武町（2008年10月） 愛媛県、西条市、松山市、今治市（2009年1月） 埼玉県、上尾市（2011年2月） 佐賀県、佐賀市（2011年10月） 岐阜県（2012年2月） 東京都、豊島区、武蔵野市（2013年9月） 宮崎県、都城市（2015年1月） 愛媛県、大洲市（2015年1月） 秋田県、秋田市（2015年11月） 岡山県、（2017年1月）
ダーティボム（放射性物質の散布）	神奈川県、横浜市（2009年2月） 青森県、弘前市（2013年11月）
電力施設への攻撃・停電	東京都、港区、豊島区、台東区（2006年11月）
海上・離島	長崎県、大村市（2012年1月） 熊本県、天草市、苓北町（2014年2月）
大規模県間避難	兵庫県、徳島県、淡路市、徳島市、鳴門市、松茂町、北島町、藍住町、板野町（2012年2月）

事態を作る訓練[注6]」と批判されてきたが、その後も一向に改善がみられない。これは「武力攻撃事態」として設定すると、日本領土内での自衛隊の本格的な武力行使が必要となって避難とは両立しなくなるので、より低レベルの警察・消防事案で収まる「緊急対処事態」として自衛隊は救護活動にとどまる設定とせざるをえないからである。

　最近の事例を表1―3に、また爆発物・化学剤以外で特徴的な想定の事例を表1―4に示す。原子力施設への攻撃による放射性物質の放出の想定は、福島事故以後には避けられているようである。

二〇一七年度からは弾道ミサイルの想定が急増した。なお弾道ミサイルに関する想定としては、大部分は「ミサイル飛来のおそれ」であるが一部に「落下」がある。双方のケースでその後の展開が大きく異なるはずであるが、どのような意図で使い分けているかは不明である。各地の訓練は「幸いミサイルはこの近くには落ちませんでした。それでは解散」というシナリオでしかない。このため多くの自治体では、市民団体が「実効性が乏しい一方で、いたずらに不安や排外主義を助長する」として訓練の中止を申し入れる動きが相次いでいる。[注7] 一方で誤報も発生しており、二〇一八年一月十六日には「北朝鮮、ミサイル発射の模様」との誤報がＮＨＫで放送（ニュース速報）された。

訓練内容あるいは想定をみると、何の目的で何から何を保護する意図なのか疑わしい。「列車の脱線」という想定もいくつかみられるが、いずれも地方都市圏での設定である。張作霖暗殺事件[注8]でもあるまいし何を考えているのだろうか。三大都市圏以外では交通手段に占める鉄道の分担率は数％あるいはそれ以下であり主要な交通手段ではない。テロリストはできるだけ影響が少ない対象を選んで襲撃するのだろうか。

このほか海水浴場で爆発（和歌山県ほか、二〇〇八年一月）、水族館に化学剤散布（秋田県ほか、二〇〇九年十一月）、貨物船を奪取し次のテロを予告（静岡県ほか、二〇〇八年二月）などインターネット上のいたずらかと疑われるような想定もみられ、できるだけ影響が少なく訓練としてまとめやすい状況を選んで設定したとしか思われない。

二〇一七年一月三十一日の福井県における図上訓練では「大学で銃乱射」との想定もある。日本でも集客施設での猟銃乱射事件[注9]の事例もあり可能性という意味でゼロとは断定できないが、「武力攻撃事態」「緊急対処事態」との関連は乏しい。

生物剤の散布についても疑問が多い。たとえば秋田県・秋田市では二〇一五年十一月に国との共同訓練において「秋田市文化会館において、テログループにより生物剤が散布され、多数の被災者が発生するとともに、秋田県立美術館に複数の爆発物が仕掛けられていることが判明する」との想定が設けられている。しかし生物剤であるとすればその影響の発現までには時間を要するから散布と同時に多数の被災者が発生することは考えにくいし、生物剤の種類の特定にも時間を要するはずである。

なお鉄道会社は「国民保護法」における指定公共機関に該当し、武力攻撃時の旅客誘導など業務計画を定めるものとされている。Ｊアラートの弾道ミサイル発射情報が発報された場合の統一的な取り決めはなく事業者の判断に任されているが、二〇一七年五月時点では、主要鉄道事業者三一のうち二七事業者が列車の運行を停止するとしている。このうち九事業者は飛来する地域が分からなくても発射情報だけで全線停止するとしているが[注10]、前述のとおり二〇一七年九月十五日の発報の例では、対象地域は北海道・東北・北関東・信越の広範囲にわたっており、発射情報だけでこのような広範囲にわたる運行停止は社会・経済的なマイナスが大きい。

奇妙なテロリスト登場

訓練として、実際の過程では必要な時間を便宜的に省略するなどの模擬はやむをえないが、図上・実動を問わず現実的な想定のもとでなければ訓練は意味を持たない。しかし後述するように法律に本

表1―5　美浜実動訓練の概要

7時00分	国籍不明のテロリストが偽造迫撃砲による攻撃、テロリストは山間部、海上を逃走 2号機原子炉が自動停止
7時35分	安全保障会議を開催
7時45分	緊急対処事態対策本部を設置
8時00分	美浜町、サイレン吹鳴
10時05分	関西電力美浜発電所は2号機の炉心冷却機能喪失を報告 放射性物質拡散予測シミュレーションを指示
10時40分	テロリストを一部逮捕
11時05分	美浜発電所は2号機の炉心損傷の可能性を報告（原災法15条通報に相当）
11時45分	緊急対処事態対策本部から避難措置の指示および救援の指示を関係機関に通知
12時15分	防災行政無線を通じて避難指示を住民に伝達
13時20分	海上で残余のテロリストを逮捕
14時20分	美浜発電所は非常用ディーゼル発電機が復旧し冷却開始を報告
14時50分	すべての住民が避難所に到着

質的な矛盾を抱えているため、それに合わせて訓練を行うには奇妙な想定を設けざるをえなくなる。たとえば二〇〇五年十一月に福井県・美浜町で実動訓練が実施された。[注11] 実施資料には詳細なタイムテーブルが記載されているが要約すると表1―5のとおりである。この事例ではもともと設定からして不自然な点が続出する。

まず七時〇〇分に「国籍不明のテロリストが偽造迫撃砲による攻撃」という事象から始まるが、この「偽造迫撃砲」とはいったい何だろうか。かつて新左翼の過激派が使用した飛行弾発射装置[注12]のような手製の武器なのか。「本物」のテロリストならば少なくとも携行型対戦車ロケット弾（いわゆるバズーカ砲、使い捨てタイプもある）か、九州南西海域工作船事件（二〇〇一年十二月）でも使用されたRPG（対戦車擲弾発射器）を所持しているはずである。想定ではテロリストは逃亡して使用した武器も発見されておらず、テロリストの一部が拘束されたのは一〇時四〇分以降であるが、なぜ発生時点から「偽造」と断定されているのか理由は不明である。

続いて攻撃発生から四五分後に政府により緊急対処事態が認定されて政府に対策本部が設置された。訓練ゆえの時間省略を認めるとしてもかなり不自然である。発生時点では攻撃を受けた事実が認識されただけであり、相手が何者なのか、どのくらいの規模と装備の集団なのかもわかっていない。「武力攻撃事態」に属するゲリラや特殊部隊なのか、あくまで国内事案である「緊急対処事態」に属するテロ行為なのかによって国の対応は大きく異なるが、四五分後には「緊急対処事態」すなわちレベルの低いほうに決めてしまう経緯はいささか不自然である。

想定では一部のテロリストが山中で一〇時四〇分に拘束され、供述にもとづいて残りのメンバーも一三時二〇分に海上で拘束されるとしている。拘束されてすぐにメンバーの全容や逃走経路を唯々諾々と供述するとはずいぶん協力的なテロリストである。本物のバズーカ砲やRPGが使用されたのであれば「武力攻撃事態」の可能性が生じ、自衛隊の活動が必要となる。しかし使用されたのが手製の武器であれば本格的な外国勢力の侵攻ではなく警察事案レベルになるシナリオにせざるをえなかったのであろう。「武力攻撃事態」にしないためにやむをえず偽造迫撃砲と協力的なテロリストが登場することになったのではないか。

続いて約四時間後に発電所から炉心損傷の可能性の報告がある。これは原子力災害対策特別措置法第一五条通報に相当する対応であるが、①全ての非常用直流電源喪失（五分以上継続）、②非常停止の必要時に全ての原子炉停止機能喪失、③敷地境界の空間放射線量率が五マイクロシーベルト／時（一〇分以上継続）などである。この美浜の訓練は福島事故前であるため現在の「原子力災害対策指針[注13]」とは避難範囲などの設定が異なり、当時の住民の避難要領は発電所から二km圏外への避難、四kmまでコンクリート製の屋内に退避、七kmまで屋内に退避となっている。

ここでもまた奇妙なことに、攻撃以後「発電所内設備の偶発的な故障が重なって冷却機能を喪失した」との想定が設けられている。原子力関係者は、そのような事態は隕石の落下を心配するようなものだと主張してきたはずであるが。前述の「偽造」迫撃砲では建屋の外壁に傷が付くていどの威力しかないので原子炉への影響は考えられない。かりに本物のロケット弾でも、建屋は貫通できても一発だけで格納容器・原子炉容器まで破壊できるとは思われない[注14]。もしテロリストが「本物」であって核燃料が露出するまで破壊する意図を持つならば繰り返しロケット弾を撃ち込むはずである。テロの設定が余りにも非現実的なため「通常の」原子力防災訓練を兼ねるような設定にせざるをえなかったのであろう。なお美浜町では二〇〇八年六月三十日に、Ｊアラート点検時の誤動作でミサイル発射・着弾情報が防災無線に流れる誤報（訓練メッセージでなく本番メッセージとして）事件も発生している。

地面に伏せて頭を守れ？

防災訓練そのものはもとより重要であるが、国民保護法上の位置づけは、自然災害・原子力災害・武力攻撃事態により大きく異なる。地震・津波・水害等については、多くの日本人は直接・間接に体験があり、自治体職員は過去の被災地との情報交流なども行っている。したがって自然災害に対して防災訓練を実施することは効果が期待できる。東日本大震災に際して、福島県の市町村では、岩手県の三陸地域とは異なり近年に大規模な地震・津波の実体験はなかった。しかし各市町村ではすぐに災害対策本部を立ち上げ可能なかぎりの対処が行われた。これはたとえ「真似ごと」であっても日頃の訓練が活かされた成果といえる。しかし直後から未経験の原子力災害が重なって対処は困難となり市町村全域で避難する事態に陥った。福島原発事故の前から周辺の市町村には原子力防災計画があり訓練も行われていたが、現実の福島事故に相当する状況は想定されておらず、原子力に関しては防災計画は機能しなかった。

最も甚大な被害をもたらす核兵器に対してはどのような対処が考えられているのだろうか。米国は冷戦時代の全面核戦争の恐怖を産み出した一方の当事者であり、米国の弾道ミサイルは地下の堅固なサイロや原子力潜水艦に収納され、核攻撃を受けた場合の「報復力」を確保している。しかし公衆に対しては「Ｄｕｃｋ　＆　Ｃｏｖｅｒ」すなわち地面に伏せて頭を守れというていどの対策しか提示していない。一九五〇年代には米国の国民防衛局（Federal Civil Defense Administration　当時）などにより啓発動画[注15]が制作されたり、学校や企業でも机の下に入る訓練が行われた映像が残っている。たしかに屋外で核爆発に遭遇した場合には「地面に伏せて頭を守る」動作により衝撃波や飛来物による被害を軽減する効果はあるが、放射線と熱線に対しては効果は乏しい。いずれにしても当時ソ連が（米国に対抗して）開発していたメガトン級の核弾頭になれば効果はさらに乏しい。

「国民保護ポータルサイト（内閣官房）」には、弾道ミサイル、Ｊアラートの使用、国民保護に係る警報（サイレン）等が解説されている。[注16]弾道ミサイル落下時の行動に関しては政府から次のような解

説がされている。[注17]

弾道ミサイルは、発射からわずか十分もしないうちに到達する可能性もあります。ミサイルが日本に落下する可能性がある場合は、国からの緊急情報を瞬時に伝える「Jアラート」を活用して、防災行政無線で特別なサイレン音とともにメッセージを流すほか、緊急速報メール等により緊急情報をお知らせします。

①速やかな避難行動
②正確かつ迅速な情報収集

行政からの指示に従って、落ち着いて行動してください。

メッセージが流れたら
落ち着いて、ただちに行動してください。

○屋外にいる場合
近くの建物の中か地下に避難。

○建物がない場合
物陰に身を隠すか、地面に伏せ頭部を守る。
○屋内にいる場合
窓から離れるか、窓のない部屋に移動する。

また、近くにミサイルが落下した場合として次のような説明も加えられている。

●屋外にいる場合：口と鼻をハンカチで覆い、現場から直ちに離れ、密閉性の高い屋内または風上へ避難する。
●屋内にいる場合：換気扇を止め、窓を閉め、目張りをして室内を密閉する。

実はこれだけの説明の中でも矛盾した無責任な内容がみられる。「窓から離れる、あるいは窓のない部屋に移動」「窓を閉め、目張りをして密閉」という行動をとると防災行政無線が聞こえなくなる。この問題は福島原発事故でも発生し、それが原因で避難が遅れた住民もいる。また注目されるのは「行政からの指示に従って、落ち着いて行動してください」という一文である。一見するとあたりまえと思えるが、「行政」とは国・都道府県・市町村そのほか公的機関を一括した概念にすぎず具体的な組織や機関ではない。公的機関がその業務を遂行するには、国・都道府県・市町村など実行の主体を定義し、法律に基づいて各々の権限・義務などが規定されている必要がある。すなわち政府の呼びかけは、ミサイル落下時のごく瞬間的な行動については述べているが、その後の対処については中身が何も整備されておらず、各地の訓練でもミサイル落下後の行動は不明で建前だけの「国民保護」の現状が露呈している。さらに、これらの広報文は、非現実性が指摘されるたびに場当たり的に変えられて信頼性がない。引用したものは二〇一八年六月時点である。

広島・長崎以降には都市に対する核攻撃の実例が（幸いにも）ないだけに、危機管理の専門家を名乗る論者でも具体的な知見はみられない。「風上に逃げる」などと安易なことを言う論者もみられるが、[注18]着弾とはある範囲（円あるいは楕円）の中のどこかに落ちるという意味であって、米国・ロシアの最新型の弾道ミサイルでもその範囲は一〇〇～数百ｍにばらつき、精度が低ければ数㎞以上に及ぶ。[注19]もし核爆発であれば爆風が吹き荒れ、逆方向の吹き戻し、建物による回り込み、火災による旋風なども発生する状況の下で、風向をどうやって知るのだろうか。

大泉光一（危機管理・青森中央学院）は「イスラエルでも、Ｊアラートのような警報装置があり、同じようにミサイル着弾までの数分前に鳴る。そんなわずかな時間で取るべき自己防衛術が国民に周知されています。〝地面に伏せて頭を守る〟という避難法です。シンプル過ぎて無防備に見えるかもしれませんが、致命傷を免れる確率は高まります」と述べている。[注20]こうした「Ｄｕｃｋ ＆ Ｃｏｖｅｒ」を唱える論者が増えているが実効的な対策とは無縁である。本人の意図はともかく危機感を煽って政治的に利用する勢力に加担しているだけである。またミサイルの弾頭は核とは限らず、生物・化学兵器の可能性もあるとして次のような記述もある。[注21]

ただし、それ［注・屋内、地下、物陰などへの退避］だけでは不十分だ。前述の避難法は、ミサイルに生物・化学兵器などが搭載されていないことを前提としているからだ。たとえば、化学兵器が搭載されているミサイルに襲われたら、濃度によっては空気よりも重いサリンやVXガスなどは低いところに溜まる性質があるため、地下に逃げ込んでいたとしてもむしろ危険だ。その場合、爆風を避けるために一旦逃れた地下から、今度は地上に出て風上に避難しないと助からない。もちろん、二次、三次の攻撃に備えて注意しながら避難する、備蓄されている防護服・防毒マスクを着用するなど、万全を期す必要がある。

しかしこの提案も無責任に過ぎる。弾道ミサイルが着弾した際に、市民は弾頭の種類や規模、また化学弾頭であれば化学剤の種類、生物弾頭であれば生物剤の種類などを知る方法はない。詳細が判明するのは専門機関により調査が行われた後である。何らかの爆発現象を感知した場合に、風上側に避難することは一般論として間違いではないが、爆発の際に風向をどうやって知るのだろうか。「防護服・防毒マスクの着用」も非現実的である。戦時中のように防毒マスクを携帯して生活するわけでもあるまいし、どこにそのような備品が用意されているのか。かりに用意されていたとしてそこまで取りに行くのか。さらに「二次、三次の攻撃に備えて注意しながら」というが、どこからどのようにその情報が提供されるのか。なお「濃度によっては空気よりも重いサリンやVXガスなどは低いところに溜まる」としているが、これも基本的な誤りである。たとえばサリンの場合、その揮発性（正確には「蒸気圧」）から空気中の濃度は最大でも〇・四％ていどであり、汚染された空気は低いところに溜まる性質はない。現にオウム真理教による松本サリン事件（一九九四年六月）では、急性死者のすべては集合住宅の二階以上で発生した。

Ｊアラートの警報音の吹鳴あるいはメールでの配信があったからといって、その段階ではどこが爆心になるのかを知る方法はなく、爆心から遠ざかるという意味で「避難」することは不可能である。いずれの場合にも政府広報でいう「建物や地下に避難」「物陰に身を隠すか地面に伏せて頭部を守る」「窓から離れるか窓のない部屋に移動」などの行動によって、多少は死亡率を下げる効果が期待できる。しかし核爆発であれば、放射線・熱線・衝撃波による即死から逃れたとしても、次の段階としていずれかに避難しなければならない。核爆発における避難は原発の過酷事故よりもさらに困難をきわめるだろう。現在、原子力災害に対する避難の指針は（不十分ながらも）存在するが[注22]、核爆発を対象とした指針はない。

また二〇一六年八月より、北朝鮮からのミサイル発射を想定して自衛隊法にもとづく「破壊措置命令」が常時発令（三カ月ごとに更新し継続）されている。破壊措置命令とは、弾道ミサイル等（航空機による攻撃は除く）の飛来の恐れ、落下により人命又は財産に対する重大な被害が生じるおそれがある場合に、日本の領域又は公海の上空において破壊する措置をとるべき命令である。総理大臣の承認を得て防衛大臣が発令する。

これに関連して、国がミサイル攻撃の危険を公式に表明している以上は、原子力発電所の運転をあらかじめ止めるべきであるとの訴訟が二〇一七年八月に提起された。ただし訴訟の具体的な構成は、関西電力に対して、危険物を扱う事業者としての社会的責任から高浜原発三・四号機の運転の差し止めを求める請求（大阪地裁）である。これに対して二〇一八年三月に同地裁は、ミサイル等が高浜原発を狙うかどうか、狙ったとして原発付近に着弾するかどうかは明らかでないとするとともに、政府は武力攻撃事態・武力攻撃予測事態を認定していない（注・認定されれば国から原発の運転停止命令が発出される可能性がある）ので高浜原発にミサイルが着弾する具体的危険はないとして、請求を却下した。

自・公政権に危機管理能力はない

ミサイルの飛来を想定した訓練等により危機を煽る一方で、現政権に危機管理能力はない。菅義偉官房長官は熊本地震（二〇一六年四月）の際の記者会見で、日頃の無表情で紋切り型の発言とは異なる狼狽した態度で「震度七強」などありえない数値を発言する場面があった。[注23] 官僚が用意したシナリオがない状況になると対応できないようでは危機対処能力は期待できない。また国家安全保障会議で主導的な役割を担うべき防衛大臣に稲田朋美衆議院議員が任命されたが、度重なる不祥事のあげく一年で退任（二〇一六年八月就任～二〇一七年七月辞任）というような実態からみれば、自・公政権に危機管理能力があるとは思われない。

緊急事態は自然災害や武力攻撃とはかぎらない。二〇一八年三月にトランプ米大統領は鉄鋼やアルミニウムの輸入製品に追加関税を課すことを決定した。その際に大統領は日本をはじめとする国々によって米国が貿易赤字に苦しんでいると述べ「安倍総理は微笑んでいるが、長い間アメリカを出し抜いてきたと思っている」と述べて不快感を示した。[注24] 日本政府は日本を適用除外とするように働きかけたが無視された。これは十分に緊急事態であるが、菅官房長官は他人事のように「遺憾」と述べるだけであった。

また菅官房長官は二〇一七年九月七日午前の記者会見で、情報・通信機器や社会インフラを麻痺させるEMP（電磁パルス）攻撃に言及し、具体的な防御策などを検討していく考えを示し、内閣官房の「国民保護ポータルサイト」などで情報提供を行うことを検討すると述べた。[注25] しかし実際にEMP攻撃が行われた場合は有線・無線とも電子通信機器が使えなくなる可能性が高い。Jアラートはもとよりインターネットの機能を使った「国民保護ポータルサイト」で情報提供ができるのだろうか。すべてに現実感がなく、政権自体が緊急事態など想定していない実態が露呈している。

その一方で防衛官僚の暴走も懸念される。二〇〇九年四月四日の北朝鮮によるミサイル発射は事前に通知されていたが、まだ発射されていないのに発射情報が国から自治体へ伝えられるトラブルが発生した（実際の発射は翌五日で東北地方上空を通過）。誤報は二系統で前後して発生し、第一は防衛省の中央指揮所から、第二は陸上自衛隊幕僚監部の指揮所からであった。前者の誤報は、防衛省地下の中央指揮所にいた防衛官僚（自衛官ではない）が指揮命令系統を無視して情報を流したために発生した経緯が指摘されている。[注26] このような誤報は、騒動だけで済めばまだしも偶発的な武力衝突に発展するおそれもあり極めて危険である。

自民党の麻生副総理・財務相は二〇一七年十月二十六日、都内での講演で二〇一七年十月の衆議院選挙での自民党の安定多数の確保について「明らかに北朝鮮のおかげもある」と発言した。[注27] 同選挙における自民党の公約[注28]では「北朝鮮に対する国際社会による圧力強化を主導し、完全で検証可能かつ不可逆的な方法ですべての核・弾道ミサイル計画を放棄させることを目指すとともに、拉致問題の解決に全力を尽くします」としている。

自・公政権は北朝鮮に対する制裁強化だけを強調してきたが、北朝鮮の核武装の背景・経緯から考えれば「制裁を強化してゆけばそのうち自発的に核を放棄する」というシナリオは考えられない。制裁はあくまで交渉とセットでなければ効果を発揮しない。それには日本側にもカードが必要である。「交渉のための交渉には応じない」という姿勢は、日本側に何もカードがないことを露呈しているのと同じである。二〇一七年十一月には拉致被害者家族からも北朝鮮との直接交渉を望む意見が提示されたが[注29]対応はみられない。二〇一八年五月二十四日にトランプ大統領が米朝首脳会談の延期を示唆したことに対して、安倍首相は「トランプ米大統領の判断を尊重し支持する」と発言した。ところがその直後には「米朝首脳会談は必要不可欠」と述べ、対応に一貫性がない。日本はこれまで七〇年以上、武力によらず世界中の国と友好関係を築いてきた実績がある。いまこそそれを活用するときである。好戦的な勢力は、実現する可能性がない前提に基づいて北朝鮮の脅威を利用しているに過ぎない。さらに先制攻撃論さえ登場する状況では拉致問題の進展の可能性はない。

これに比べると二〇一一年三月の東日本大震災・福島事故における民主党政権の対応は、事後の批判はあるとしても現在の自・公政権に比べてはるかに妥当であった。もし自・公政権であったらさらに破滅的な事態をもたらしたであろう。シナリオも過去の経験もない福島原発事故に際して菅元首相のいくつかの注目される行動があった。

その一つは菅元首相がみずから現場に乗り込んだ行動である。

福島事故にかかわる各種の調査報告書・関連資料を検討すると、水素爆発のおそれ・再臨界の可能性・格納容器ベントの必要性・海水注入によるリスク・四号炉のプール崩壊などの致命的な問題について、いずれも菅元首相から先行して懸念が示されたのに対して専門家・官僚・東電幹部は何も具体的な対応をしなかった。[注30] 一般論としては緊急時に最高責任者が席を空けることは推奨されない。しかし政権が緊急事態の矢面に立って取り組むメッセージを国民に伝えたことによりパニックの拡大を防ぐ大きな効果があった。

また後に二〇一七年十月の衆議院選挙に際して結成された立憲民主党が支持を拡大したのは、枝野幸男官房長官（当時）の一連の記者会見における冷静で温和な態度が人々の記憶に残っていたからではないだろうか。もしそうした姿勢を見せず、菅官房長官のように無表情で「適切に対処するように指示した」など無意味な説明が繰り返されていたら収拾のつかないパニックを誘発したであろう。

注

注1　全国瞬時警報システムの概要　http://www.fdma.go.jp/html/intro/form/pdf/kokuminhogo_unyou/kokuminhogo_unyou_main/J-ALERT_gaiyou_h28.pdf

注2　http://www.kokuminhogo.go.jp/kunren/hinan/2017/

注3　http://www.kokuminhogo.go.jp/arekore/tokucho.html

注4　http://www.kokuminhogo.go.jp/arekore/kinkyutaisho.html

注5　国民保護ポータルサイト「国民保護に関する国と地方公共団体等の共同訓練」　http://www.kokuminhogo.go.j

p/torikumi/kunren/index.html

注6　上原公子・平和元・田中隆・戦争非協力自治体づくり研究会・自由法曹団東京支部『国民保護計画が発動される日』自治体研究社、二〇〇六年、一一八頁

注7　最近の例では二〇一八年一月二十三日、社民党神奈川県連合など（『神奈川新聞』同二十四日付その他各社報道）

注8　一九二八年六月四日に中華民国（当時）奉天付近で、日本の関東軍が奉天軍閥の指導者張作霖が乗車した列車を爆破して暗殺した事件。

注9　二〇〇七年十二月十四日に長崎県佐世保市のスポーツクラブで男が猟銃（この時点では合法的に所持）を乱射し二名死亡、六名重軽傷の被害が発生した。

注10　「Jアラートで主要鉄道の九割が運行停止に」『産経ニュース』二〇一七年五月十日

注11　内閣官房ほか「平成一七年度国民保護実動訓練の概要」　http://www.kokuminhogo.go.jp/pdf/171127shiryou.pdf

注12　一九八六年四月および五月に新左翼の過激派が手製の発射装置により飛行弾を発射した。弾といっても爆発機能はなく金属製の矢のような物体であった。

注13　原子力規制委員会「原子力災害対策指針」　http://www.nsr.go.jp/data/000024441.pdf

注14　対戦車ロケット弾は衝突の物理的エネルギーで孔を開けるのではなく、金属の噴流を形成して孔を開ける。途中に空間のある複数のコンクリート壁や金属壁を一挙に貫通することはできない。

注15　“Duck and Cover” Federal Civil Defense Administration, 1951　画像は現在でもＹｏｕＴｕｂｅで閲覧することができる。　https://www.youtube.com/watch?v=IKqXu-5jw60　ほか何種類かあり。

注16　内閣官房「国民保護ポータルサイト」 http://www.kokuminhogo.go.jp/kokuminaction/jalert.htmll

注17　http://www.kokuminhogo.go.jp/pdf/300130koudou1.pdf

注18　山村武彦「北朝鮮の核・ミサイル攻撃、万一事態に逃げ遅れない心得」『ダイヤモンド・オンライン』二〇一

七年九月十三日号

注19 技術的にはCEP（半数必中界）と言われる。ミサイルの精度をいかに向上させても着弾点には何らかのばらつきが生じるが、その精度は一定の確率で着弾点が収まる範囲の円の半径として示される。すなわちその数値が小さいほどミサイルの精度が良い。一般にCEP（平均誤差半径）という。

注20 『週刊ポスト』二〇一七年九月十五日号

注21 前出、山村武彦

注22 前出・注13

注23 官房長官記者会見映像　https://www.youtube.com/watch?v=Zb40Gyblkio

注24 二〇一八年三月二十三日・テレビ朝日その他各社報道

注25 官房長官記者会見、二〇一七年九月七日各社報道　https://www.youtube.com/watch?v=oOr-sZ6ogaM　NNNニュース

注26 半田滋「防衛省・南スーダン日報隠しの『深層』」『現代ビジネス』二〇一七年三月二十三日　http://gendai.ismedia.jp/articles/-/51280

注27 『日本経済新聞』二〇一七年十月二十七日ほか各社報道

注28 https://www.jimin.jp/election/results/sen_shu48/political_promise/manifesto/01.html

注29 『日刊ゲンダイDIGITAL』「ついに横田早紀江さんも〝圧力一辺倒〟の安倍外交に異論」二〇一七年十一月二十三日

注30 福島原発事故独立検証委員会「調査・検証報告書」二〇一二年三月　https://rebuildjpn/org/fukusima/report

第二章　有事法制と国民保護法

有事法制の経緯

国民保護法はいわゆる「有事法制」の一環として登場した法律であり、多くの問題はそこに端を発している。したがって有事法制に関しても経緯を知る必要があるだろう。一九九九年五月に「周辺事態法（二〇一五年に「重要影響事態法」に改称）」[注1]が成立した。この法律は、日本に対する直接の武力攻撃に至るおそれのある事態などに際し、米軍等に対する後方支援活動等を行うことにより日米安保条約の効果的な運用に寄与することが目的であると説明されている。この間に米国同時多発テロ（二〇〇一年九月）などの事態があったが、続いて三つの大きな動きがあった。

第一は二〇〇三年六月（第一五六回通常国会・第一次小泉内閣）に成立した「有事関連三法」、第二は二〇〇四年六月（第一五九回通常国会・第二次小泉内閣）に成立した「有事関連七法」、第三は二〇一五年九月（第一八九回通常国会・第三次安倍内閣）に成立した「平和安全法制二法」である。一九九九年三月と二〇〇一年十二月には不審船・工作船事件が発生しているが、当時はその種の船舶が日常的に出没していたことは周知の事実にもかかわらず、あたかも有事法制に関する政治日程に合わせて「発見」されたかのような時期的な一致は不自然であるとの指摘もある。[注2]国民保護法はこのうち第二の段階で登場した。いずれの段階でも、憲法違反であり日本が海外で戦争する国に向かうと批判が寄せられたが、実際のところ一連の動き以前から自衛隊は海外で事実上の軍事行動を行っている。本書執筆時点まで現実に自衛隊が海外で活動した例とその根拠法は次のとおりである。

○一九九一年四月（作業は同六月～九月）・ペルシャ湾掃海任務派遣【遺棄機雷の除去は戦闘行為ではないとして既存の自衛隊法の解釈で派遣】
○一九九二年九月からＰＫＯ任務（平和維持活動）開始【国際平和協力法による】
○一九九八年十一月から国際緊急援助隊でホンジュラス派遣（以後多数）【国際緊急援助隊派遣法（ＪＤＲ法）による】
○二〇〇一年十一月（～二〇一〇年一月）・インド洋後方支援任務派遣開始【テロ対策特措法による】
○二〇〇三年十二月（～二〇〇九年二月）・イラク派遣（南部サマーワ周辺）開始【イラク特措法による】
○二〇一六年十一月（平和安全法制以後）・ＰＫＯ任務に「駆け付け警護」「宿営地の共同防護」を追加、武器使用を可能とする【国際平和協力法の改正】

第一の「有事関連三法」で成立した法律は「事態対処法（正式名称等は注参照、[注3] 以下同じ）」「自衛隊法等一部改正法」「安全保障会議設置法一部改正法」の三法である。中心となる「事態対処法」は、武力攻撃が発生したときの対処に関して、国・地方公共団体の責務等を定め、武力攻撃事態等への対処のための態勢を整備するとともに、必要となる個別の法制の整備に関する事項を定めたと解説されている。[注4] また同解説によると、特定の国の攻撃を想定したものではなく万が一の事態に備えたものとしている。そうすると「事態」とは何なのか、どのような状況を想定しているのかが問題となるが、ここで「武力攻撃予測事態」「武力攻撃事態」「緊急対処事態」の概念（前述・第一章二〇頁〜二二頁）が登場した。

第二の「有事関連七法」で成立した法律は「国民保護法」[注5]「特定公共施設利用法」「米軍等行動関連措置法」「捕虜取扱い法」「自衛隊法一部改正法」「国際人道法違反処罰法」「海上輸送規制法」の七法である。これらの七法は、前述の三法の枠組みのもとで個別の内容を整備したものである。[注6]このうち「国民保護法」「特定公共施設利用法」が国民保護にかかわる法律、その他は武力攻撃を排除するための活動にかかわる法律である。中心となる「国民保護法」は、武力攻撃事態等において、武力攻撃から国民の生命、身体及び財産を保護し、国民生活等に及ぼす影響を最小にするための、国・地方公共団体等の責務、避難・救援・武力攻撃災害への対処等の措置を定めたものとされている。[注7]またこの法律で都道府県・市町村に対して「国民保護計画」の策定が定められた。また七法に加えて「関連三条約案件」として「日米物品役務相互提供協定（ACSA）」「ジュネーヴ諸条約第一追加議定書」「ジュネーヴ諸条約第二追加議定書」がある。日ごろ耳にする機会もない「ジュネーヴ条約」が突然登場した理由は捕虜に関する取り決めなどが記述されているからである。もっとも自衛隊員のほうが捕虜になった場合には何の効力もない。

平和安全法制

第三の「平和安全法制二法」あるいは批判的な観点からは「戦争法案」と呼ばれた法律は「平和安

全法制整備法」[注8]「国際平和支援法」[注9]の二法である。前者の「平和安全法制整備法」によって関連の一〇法を束ねて改定する方法が採られるとともに「存立危機事態」の概念が加えられた。

この一〇法とは「自衛隊法」「国際平和協力法」「重要影響事態安全確保法（周辺事態安全確保法から改称）」「船舶検査活動法」「事態対処法」「米軍等行動関連措置法（米軍行動関連措置法から改称）」「特定公共施設利用法」「海上輸送規制法」「捕虜取扱い法」「国家安全保障会議設置法」である。

国会では衆議院の「平和安全法制特別委員会」で審議され、委員会審議時間は一一六時間と記録されているが、多岐にわたる内容でありながら内容面の議論は乏しかった。たとえば新たに成立した「国際平和支援法」と、改正された「国際平和協力法」は名称が酷似しており、これだけでは何のことか区別がつかない。もとからあった「国際平和協力法」はいわゆる「ＰＫＯ法」であり、自衛隊が海外に派遣される活動にかかわるが対象はＰＫＯ活動のみである。これに対して「国際平和支援法」は「重要影響事態」「存立危機事態」に関連するものであり、米軍等の後方支援を行う活動である。

また法律と並行して「ガイドライン（日米防衛協力のための指針）」も改定されている。ガイドラインは法律でも条約でもないが、東アジア全体で米軍が制約なく活動できるように日本が支援を提供する枠組みである。一九七八年の旧ガイドラインは旧ソ連をけん制するため、また一九九七年の旧ガイドラインは北朝鮮をけん制する目的があった。さらに二〇一五年には活動の範囲を世界に広げた改訂ガイドラインに合意した。これは同年に予定された「平和安全法制」の成立を前提としたものである。このように先に米国との協定や合意があり、それに合わせて国内法を後付けで整備せざるをえないため、国会は単なる手続であり議論の余地はなく成立が前提となっている。

また第二次安倍内閣において二〇一四年四月には日本から武器輸出を容易にする「防衛装備移転三原則」[注10]が、同七月には「集団的自衛権容認」[注11]がいずれも国会での議論を経ず、閣議決定のみで決定されている。平和安全法制整備法・国際平和支援法（前述）に関しても、法案が国会に提出されていない段階から安倍首相が米連邦議会・上下両院合同会議で二〇一五年四月二十九日（現地時間）の演説において成立を約束する事態も起きた。

なお二〇一二年七月に自民党は「国家安全保障基本法案」を国会に提出したが当時は民主党政権のため不成立となっている。その内容は、自衛隊だけでなく各省庁・自治体・国民を総動員した安全保障体制の構築をめざし、さらに教育にも踏み込んでいる。また特定秘密保護法の範囲を拡大することも掲げ、次世代の国民が軍事力を背景にした国の安全保障に自発的に協力する意識を醸成することも趣旨としている。

その裏面では人権の制限が不可避となる。いわばかつての国家総動員法と治安維持法の復活に相当する内容が記載されており「改憲に向けた露払い」と指摘する論者もある。[注12]

その後、二〇一二年十二月には自民党が政権に復帰して基本法の成立は可能となったが、基本法の制定は見送られた。これは基本法だけでは実際に自衛隊が海外で活動する際などの根拠法としては使えず、個別の関連法の整備を優先する必要があること、連立与党の公明党との調整などから時間を優先したためとされている。

このため基本法案の内容は結果的に二〇一五年九月の平和安全法制として個別の関連法に分散して反映されることとなった。なお一連の経緯を章末の付表に示す。

自衛隊の活動

有事法制をめぐる議論では当然ながら自衛隊の活動の基準や範囲が問題となる。政府は、弾道ミサイル攻撃や核兵器攻撃に対し他国を攻撃する以外に自国を守る手段がない場合であれば他国への攻撃も自衛権の行使の範囲内であり、日本国憲法九条に抵触しないという見解を示している。「武力攻撃事態法」においては先制的自衛権が可能とされている。一方で平成二十九（二〇一七）年版『防衛白書』では基本政策の認識として「これまでわが国は、憲法のもと、専守防衛に徹し、他国に脅威を与えるような軍事大国とならないとの基本理念に従い、日米安保体制を堅持するとともに、文民統制を確保し、非核三原則を守りつつ、実効性の高い統合的な防衛力を効率的に整備してきている」と記述している。その「専守防衛」の定義について「相手から武力攻撃を受けたときにはじめて防衛力を行使し、その態様も自衛のための必要最小限にとどめ、また、保持する防衛力も自衛のための必要最小限のものに限るなど、憲法の精神に則った受動的な防衛戦略の姿勢をいう」としている。[注13]

ただしその前段で「自衛権を行使できる地理的範囲」としては「わが国が自衛権の行使としてわが国を防衛するため必要最小限度の実力を行使できる地理的範囲は、必ずしもわが国の領土、領海、領空に限られないが、それが具体的にどこまで及ぶかは個々の状況に応じて異なるので、一概には言えない。しかし、武力行使の目的をもって武装した部隊を他国の領土、領海、領空に派遣するいわゆる海外派兵は、一般に、自衛のための必要最小限度を超えるものであり、憲法上許されないと考えてい

る」としている。[注14]

現在の日本では、かりに自衛隊を国防軍に改編したとしても師団単位（通常は一万人以上）の部隊を海外に展開することは考えられず、日中戦争時のように現地で軍隊があたかも独自の政府のごとく暴走する状況は考えにくい。国内外を問わず自衛隊の活動には法律的根拠が必要である。憲法第九条の変更に関しては「フリーハンド（地域や目的の制限なく）で戦争できる国になる」との批判があるが、実際の経緯をたどってみると、自衛隊が米国に追随して海外で武力行使が可能となるように、制度的な整備や既成事実の積み上げがすでにかなり進展している。「憲法無視」が常態化しており改憲はむしろ儀式に過ぎず、後付けで整合性を設けるためと思えるほどである。

なお海外・戦争というイメージだけでは曖昧であり、制度上の定義を確認しておく必要がある。制度的には「自衛隊を国防軍化すれば海外で戦争できる」という関係ではない。国際法上の「戦争」とは国家間での宣戦布告を伴う必要があり、かつ先制攻撃は違法とされている。その意味では米国は日本との講和成立以後、一度も正式には宣戦布告を伴う「戦争」をしていない。

このため逆に宣戦布告なしに武力を行使するためには、①相手側に実際に攻撃された場合の個別的・集団的自衛権の行使、②相手側に攻撃されたという口実（いわゆるでっち上げ・一九六四年八月のトンキン湾事件など）、③国際法そのものを無視、という形態が生じることになった。米国のベトナム参戦は実態として戦争に違いないが、表向きは南ベトナムとの関係における米国の集団的自衛権の行使と説明されている。

二〇一五年九月の「平和安全法制」の一環として自衛隊法が改定されたが、実際には自衛隊の任務

図2―1　自衛隊の任務と関連法

自衛隊法における任務分野と項目　／　関連法

① 我が国を防衛すること

- 武力攻撃事態
- 存立危機事態

防衛出動
防衛出動待機命令
防衛出動下令前の行動関連措置

防御施設構築の措置
海上保安庁の統制

関連法：武力攻撃事態対処法（＋存立危機事態）

② 公共の秩序の維持

国民保護等派遣／命令による治安出動／海上保安庁の統制／治安出動待機命令／治安出動下令前に行う情報収集／要請による治安出動／自衛隊の施設等の警護出動／海上における警備行動／海賊対処行動／弾道ミサイル等に対する破壊措置／災害派遣／地震防災派遣／原子力災害派遣／領空侵犯に対する措置／機雷等の除去／在外邦人等の保護措置／在外邦人等の輸送

関連法：国民保護法　災害対策基本法　原子力災害対策特措法

③ 我が国の平和及び安全の確保に資する活動（重要影響事態）

後方支援活動等

関連法：テロ対策特措法　イラク特措法

④ 国際社会の平和及び安全の維持に資する活動

国際連合平和維持活動等 ―国際平和協力業務等
国際平和共同対処事態 ―協力支援活動等
国際緊急援助隊の派遣 ―国際緊急援助活動等

関連法：国際平和協力法　ＪＤＲ法

と行動を限定していた文言を削除する形になっている。改定前の自衛隊法第三条では、自衛隊の任務として「我が国の平和と独立を守り、国の安全を保つため、直接侵略及び間接侵略に対し我が国を防衛することを主たる任務とし」と規定されていた。また活動として第三条2項の一に「我が国周辺の地域における我が国の平和及び安全に重要な影響を与える事態に対応して行う我が国の平和及び安全の確保に資する活動」となっていた。

　これに対して改定後は、前者の「直接侵略及び間接侵略に対し」が、また後者の「我が国周辺の地域における」が削除されている。これにより日本に対する侵略でなくとも、また地域を限定せず自衛隊が活動できるようになった。これは「存立危機事態」の概念が取り入れられたことと対応する。

自衛隊法の改正以降すなわち駆け付け警護など新任務付与後の自衛隊の任務は大別して四分野であるが、自衛隊法は現時点で一二六条あるうえに膨大な附則を伴ってわかりにくいので図2—1に概略を示す。また下線部は二〇一五年九月の「平和安全法制」に関連して付加された任務である。[注15]

一方で、どのような条件で自衛権の行使が実際に認められるのかは、憲法はもとより自衛隊法その他の安全保障関連の法律にも明記がない。また「自衛権」も「集団的自衛権」も概念であり、憲法や関連法にはその用語も定義も登場しない。これに対しては以前に武力行使の「三要件」という政府見解が示されている。それは「我が国に対する急迫不正の侵害がある」「これを排除するために他の適当な手段がないこと」「必要最小限度の実力行使にとどまるべきこと」である。

これに対して第二次安倍政権の二〇一四年七月に閣議決定で「新三要件[注16]」が定められた。それは「我が国に対する武力攻撃が発生したこと、又は我が国と密接な関係にある他国に対する武力攻撃が発生し、これにより我が国の存立が脅かされ、国民の生命、自由及び幸福追求の権利が根底から覆される明白な危険があること」「これを排除し、我が国の存立を全うし、国民を守るために他に適当な手段がないこと」「必要最小限度の実力行使にとどまるべきこと」という内容である。「我が国と密接な関係にある他国」と表現しているが実質的には米国である。

さらに現場レベルになると、任務ごとに定められるROE（部隊行動基準）に基づいて行動することになる。たとえばどのような場合にどこまで武力を行使してよいか（射撃の許可、その程度など）を定めている。これは個別的自衛権に先立って行使される場合がある。これから自衛隊が直面する相手は国ではない武装集団等も多くなるであろうから、自衛隊がどのような国内法に基づいて、どのようなROEにより戦闘行為を行うか（行わないか）に配慮するとは思われない。自衛隊の部隊が武器を携帯して集合しているだけでも自分たちに対する攻撃とみなして戦闘を開始する可能性も考えられるし、部隊が敵の勢力圏に取り残される等の事態も起こりうる。

しかし懸念としては、自衛官に戦死傷者が生じるなどの重大な事態に際しても、これまでの対応からみると政府が積極的に責任を取らず現地での偶発的事態として済ませる可能性が高い。これは自衛隊の南スーダンPKO任務やイラク派遣任務に際して戦闘の状況を記載した日報の不適切な取り扱いをみれば十分に可能性がある。

いずれにしても一連の改定は多岐にわたる法律の各所を虫食い的に変えて机上の整合性を持たせたに過ぎず、官僚作文の性格が強い。現地で「敵」と向かい合う自衛官の助けになる内容とは思われない。官邸ホームページの「駆け付け警護」に関する解説[注17]では「暴徒や武装勢力などに対し、まずは相手方と粘り強く交渉する」と説明されているが、現実にそのような対処が可能だろうか。机上の空論では自衛官の最低限の安全すら確保できないであろう。

国民保護計画のしくみ

武力攻撃事態（等）が発生した場合、政府が行うべき措置は侵害排除（法令での言い方）と国民保護である。侵害排除は自衛隊が実際に武力を以て活動する分野であるから国が直接かかわることになり都道府県・市町村の関与はない。しかし国民保護に関しては都道府県・市町村そのほか指定公共機関（放送・交通・エネルギー・医療）が関与することになる。政府は「国民保護に関する基本方針」を策定（国民保護法第三二条）し、これに基づいて都道府県が「国民保護に関する計画」を策定し、さらに市町村が各々の実態に応じて「国民保護計画」を策定するとされている。「国民保護法」では各省庁・指定公共機関・都道府県・市町村に「国民保護計画」の策定を義務づけている。

「国民保護計画」とは、武力攻撃事態等に際して、国民の生命、身体及び財産を保護し、国民生活及び国民経済に及ぼす影響が最小となるようにすることの重要性から、国・地方公共団体等の責務、国民の協力、住民の避難に関する措置、避難住民等の救援に関する措置、武力攻撃災害への対処に関する措置などを定めるものである。各省庁・都道府県・指定公共機関はすべて策定済み、市町村では二〇〇七年三月までの完了を目標としていたが本書執筆時点で一七四一市町村のうち一七三九市町村で策定済みである。

「災害対策基本法」[注18]やJCO臨界事故（一九九九年九月）を契機に作られた「原子力災害対策特別措置法」[注19]で規定されているように、都道府県・市町村は自然災害でも原子力災害でも、住民の生命、身体及び財産を保護する責務を有する。このため都道府県・市町村はそれぞれ防災基本計画と地域防災計画を策定（「地震編」「風水害編」「原子力編」などと分野別の例が多い）することが義務づけられている。

実際のところ、自然災害でも原子力災害でも武力攻撃事態（等）でも、住民との接点で最前線に立つ

図2―2　武力攻撃事態等における国民の保護のための措置

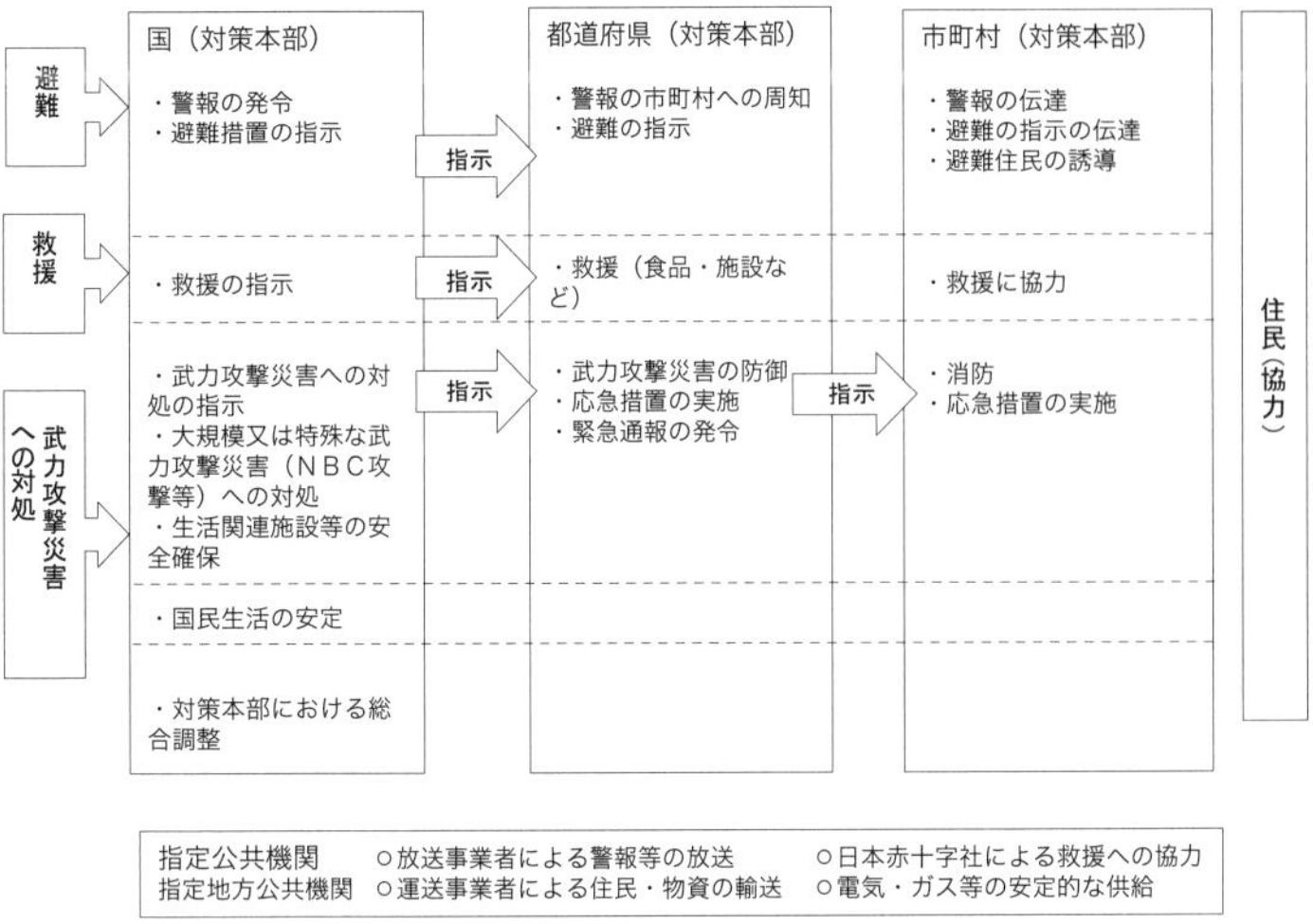

表2―1　自然災害と武力攻撃事態の違い（消防庁資料に筆者補足）

事象の本質	自然現象（自然現象から派生した原子力事故・コンビナート事故等はありうる）	わが国への外国あるいは組織等による攻撃
リスクの所在	当該地域の気象条件などのリスク	外交関係等に起因するリスク
対応する法律	災害対策基本法（原子力災害対策特別措置法は一部類似）	国民保護法
責任の所在	基本的に都道府県・市町村が施策を講じ国が支援する	都道府県・市町村は責任を有しない
対応する主体	第一義的には市町村が対応し都道府県や国が必要に応じ対応 例・災害対策本部の設置など	侵害排除は自衛隊のみが担いうる 都道府県・市町村の対応は、国の指示等に基づく
情報の収集	基本的に各地域で収集	基本的に国が収集・分析、地方へ伝達

ことになる市町村としては、行うべき避難・救援などに関する実務はそれほど変わらないともいえる。たとえば現状に関する情報の提供、避難指示の発令・伝達、要支援者（障害者など）の移動支援、安否・避難完了の確認、避難所の開設と運営、飲料水・食料・緊急医療の提供などである。原子力事故からの避難と核爆発からの避難は同じく放射線による被ばくを避ける目的であるし、化学工場やコンビナートの大きな事故の際に、火災や化学物質の被害を避けるための避難は化学テロと共通点がある。

ところが自然災害やそれに起因する原子力災害と、武力攻撃事態（等）とは国・都道府県との関係においてしくみが大きく異なる。自然災害の発生あるいはそのおそれがある場合に、災害対策基本法に基づいて「避難勧告」「避難指示」「避難準備情報」を発令するのは市町村長である。これは地域の住民や地理等の状況を具体的に把握しているのは市町村であるという認識に基づく。ただし市町村長や担当者は気象の専門家ではないため、気象庁から専門家チームを派遣して判断を支援する「気象庁防災対応支援チーム（JETT）」の試みが二〇一八年三月から開始されている。

これに対して武力攻撃事態（等）では、国→都道府県→市町村というトップダウンの指示系統が定められている点が大きな相違である。全体の概念を図2―2に示す。自然災害・原子力災害と異なり、武力攻撃事態（等）では国の外交や自衛隊の任務である侵害排除などの活動が加わることからそうならざるをえないし、ミサイルに関する情報や侵攻側の動きに関する情報などは都道府県・市町村が独自に取得できるはずがないから国を通じて取得するしかない。この関係について総務省消防庁は表2―1のように整理している。[注20]

国民保護計画の問題点

実際にミサイル飛来・航空攻撃・侵攻勢力の着上陸などが起きた場合、まず国が対策本部を立ち上げ、次に都道府県を通じて市町村へ指示というような体制が、実際に迅速・確実に機能するだろうか。実際に経験された緊急事態の経緯を振り返ってみればその困難性は容易に指摘される。

たとえば茨城県東海村のＪＣＯ臨界事故である。村上達也村長（当時）はたまたま会議に参加するため外出していたが、担当者から携帯電話で「災害対策本部を立てますか」という起案に対して、村長の「よし、立ててくれ」という一瞬の指示で済んでいる。[注21] 災害対策本部の立ち上げは最前線の東海村が最も早かった。ところがその後、臨界に起因する中性子線の放出が続いているのに、県からは「屋内退避でよい」との見解が示される一方、国とは何の連絡も取れない状態の下、村長の決断で現場付近の住民避難を実施した。このＪＣＯ事故を教訓にいくつかのしくみが整備され、原子力緊急事態に関係者が参集して司令塔となるべきオフサイトセンター（緊急事態応急対策拠点施設）[注22]が設けられた。しかし福島第一原発事故に際してはオフサイトセンター自体が機能せず、現場周辺の市町村ではふたたび「国からも県からも何の連絡もなく……」という事態に陥った。「敵」という要素がない災害でもこの状態であることを考えると、武力攻撃事態ともなれば現状の国民保護体制が機能すると期待することは難しいだろう。

「国民保護計画」に関しては消防庁から「都道府県国民保護モデル計画」[注23]「市町村国民保護モデル計

画[注24]」が提供されている。現在までに全都道府県およびほとんどの市町村で策定済みであるが、実際にはほとんどの都道府県・市町村の国民保護計画は、このモデル計画をもとにして固有名詞その他の事項を入れかえたていどの内容である。そのモデル計画自体にも「必要な措置を講ずる」といった概念だけの記述が頻出し具体性がない。二〇一八年一月に東京都内で率先して弾道ミサイル対応訓練を実施した東京都文京区の国民保護計画[注25]の例では全体で一八五頁の書類を綴じてあり、国民保護計画の法律的な位置づけなどが記述され、たしかに行政資料としては役に立つかもしれないが、「有事」に際していったい誰がどのように使うのか想像もつかない。要するに「マニュアル」ではない。同区の防災・防犯のページ[注26]には緊急避難場所・避難所の一覧が掲載されているが、それらは単に区立小中学校であり、たとえば弾道ミサイルの着弾すなわちNBC（核・生物・化学）弾頭が搭載されている可能性があっても、何ら対応がなされているわけでもない。また都道府県版の計画もあるが、東京都の例で約二七〇頁、大阪府の例で約一六〇頁などの書類が綴られているだけでこれも使いようがない。関連機関の住所録や電話番号が掲載されている例もあるが「有事」に際して誰がどのように使うのだろうか。モデル計画の主管が消防庁という点も問題の性格をよくあらわしている。消防という組織は、治安維持に補助的な役割を担うことはあっても「敵」を相手にすることはない。すなわち「国民保護計画」は有事法制の一環でありながら、自然災害を念頭に整備されてきた内容あるいはそれから派生した原子力災害を対象とした防災体系に対して、「敵」という要素が加わった武力攻撃災害を無理やり組み込んで作られているため、これがさまざまな問題につながっている。

国民保護法の第四〇条四項八号では都道府県および市町村で「国民保護協議会」を設けるように規

定されている。文京区にも協議会が設置されているが[注27]、その中に「学識経験者」という枠がある。これは国民の保護のための措置に関し知識又は経験を有する者として委員に加えるように規定されているためであるが、同区では区議会議長・町会連合会の代表・商店街連合会の代表、女性団体連絡会の代表、消防団長が「学識経験者」として委員に任命されている。個々に委員の経歴を確認していないものの「国民の保護のための措置に関し知識又は経験を有する者」であるのかは疑問である。

実際のところ東京都文京区で実施された首都圏で初のミサイル避難訓練[注28]に際して、市民団体が「主催者が東京都・文京区・内閣官房・消防庁の四者とされているが、各々の役割分担を説明されたい」と質問したところ、東京都（国民保護情報統括課）は「明確な役割分担はない。あうんの呼吸。国民保護は内閣官房。自治体への窓口。現場は消防庁」と回答している[注29]。このような体制で「有事」に対応できるのだろうか。なお市町村の協議会には自衛隊関係者の参加が求められている。

同法によれば政府は国民に「正確な情報を適時かつ適切な方法で提供」となっている。しかしどのような武力攻撃事態が発生し自衛隊がどのように行動するか自体が防衛機密であろう。避難その他対応に必要な情報はむしろ秘匿の対象となる可能性が高い。さらに自衛隊が攻撃勢力を阻止・制圧するためには道路の優先使用や遮断など避難を制約する状況も起こりうる[注30]。武力攻撃事態の内容・規模によりさまざまなケースが想定されるが、武力攻撃よりはるかに不確定要素や制約が少ない自然災害に関してさえ、障害者など移動に支援が必要な避難者に対する計画（災害対策基本法に基づく「個別計画」）を策定しているのは全国の市町村のうち一割（二〇一七年十一月まで）に満たない[注31]。

また国民保護法そのものは抽象的な事項が列挙してあるだけであるが、国としての国民保護措置の実施に関する基本的な方針を示すとともに、指定行政機関及び都道府県がそれらの国民の保護に関する計画（国民保護計画）を、指定公共機関がその国民の保護に関する業務計画（国民保護業務計画）を作成する際の基準となるべき事項等を定めるものとして「国民の保護に関する基本指針[注32]（以下「保護指針」）」が二〇〇五年三月に制定された。本書執筆時点では二〇一七年十二月の第一一回改訂が最新である。ここでは①都道府県境を越える避難の際の輸送手段や受け入れ先との調整、②大都市における避難の困難性と近隣の施設への屋内退避、③大規模集客施設や旅客輸送関連施設における対策、④離島や南西諸島での特殊事情、⑤自衛隊施設、米軍施設等の周辺地域での特殊事情などについて記述しているのだが、いずれも「努めるものとする」「検討しておくものとする」「十分に配慮するものとする」といった文言が列挙されているにとどまり具体性が欠けている。

付表　有事関連・平和安全法制の年表

年月	事項	関連情勢
一九五〇年六月		朝鮮戦争開戦（〜一九五三年七月休戦）
一九五〇年八月	警察予備隊発足	
一九五一年九月	日米安全保障条約（旧）署名	
一九五二年五月	刑事特別法（注33）制定	
一九五二年十月	保安隊に改組	
一九五四年六月	秘密保護法（注34）制定	
一九五四年七月	自衛隊発足	
一九六〇年一月	日米安全保障条約（新）署名	

一九六三年二月	「三矢研究」明らかになる	
一九六五年二月		米国の「北爆」開始（〜一九七五年四月集結）
一九七六年七月	日米防衛協力小委員会設置	
一九七八年十一月	日米防衛協定のための指針（旧ガイドライン）策定	
一九八四年十月	防衛庁有事法制研究中間報告	
一九八六年五月	安全保障会議設置法成立	
一九八七年九月	ＪＤＲ法（注35）成立	
一九九〇年八月		イラク、クウェートを侵攻
一九九一年一月		湾岸戦争開始、多国籍軍イラクへ攻撃開始
一九九一年四月	自衛隊ペルシャ湾掃海任務派遣（作業は同六月〜九月）	
一九九二年六月	ＰＫＯ協力法成立（九月以降ＰＫＯ派遣始まる）	
一九九四年四月		北朝鮮核疑惑危機
一九九五年一月	阪神淡路大震災	
一九九五年三月		地下鉄サリン事件
一九九五年十二月	防衛計画大綱改訂（〇七大綱）	
一九九七年九月	新ガイドライン策定	
一九九九年三月		能登半島沖不審船事件
一九九九年五月	周辺事態安全確保法成立	
一九九九年五月	改訂日米ＡＣＳＡ（物品役務相互提供協定）成立	
二〇〇〇年六月	ボガチョンコフ事件（海上自衛官がロシアへ情報漏えい）発生	
二〇〇一年九月		米国同時多発テロ事件

二〇〇一年九月		米国、国防計画見直し
二〇〇一年十月	テロ対策特措法成立	
二〇〇一年十月		米英ほか、アフガニスタンへ攻撃開始
二〇〇一年十一月	自衛隊インド洋後方支援任務派遣（〜二〇〇七年十一月）	
二〇〇一年十二月		九州南西海域工作船事件
二〇〇二年四月	有事関連法案、国会提出	
二〇〇二年九月		第一回日朝首脳会談、「日朝平壌宣言」に署名
二〇〇三年三月		米英ほか、イラクへ攻撃開始
二〇〇三年四月		米軍、再編計画指針
二〇〇三年六月	有事関連三法案成立 （武力攻撃事態対処法・自衛隊法等一部改正法・安全保障会議設置法一部改正法）	
二〇〇三年七月	イラク特措法成立	
二〇〇三年十二月	自衛隊イラク派遣（南部サマーワ周辺）開始（〜二〇〇九年二月）	
二〇〇四年四月	イラク日本人人質事件で自衛隊機派遣	
二〇〇四年五月		第二回日朝首脳会談、拉致被害者五名帰国
二〇〇四年六月	有事関連七法案成立 （国民保護法・米軍等行動関連措置法・捕虜取扱い法・自衛隊法一部改正法・国際人道法違反処罰法・海上輸送規制法・特定公共施設利用法） 有事関連三条約案件成立 （日米物品役務相互提供協定・ジュネーヴ諸条約第一追加議定書・ジュネーヴ諸条約第二追加議定書）	

二〇〇四年十二月	防衛計画大綱改訂（一六大綱）	
二〇〇五年十二月	総務省消防庁、市町村国民保護計画モデル計画発表	
二〇〇六年三月	都道府県国民保護計画の策定（目標）	
二〇〇六年十月		北朝鮮核実験（初）
二〇〇六年十二月	防衛庁から防衛省に改編	
二〇〇七年三月	市町村国民保護計画の策定（目標）	
二〇〇七年七月		第二一回参議院議員通常選挙で自・公過半数割れ「ねじれ国会」
二〇〇七年八月	日米GSOMIA（注36）締結	
二〇〇七年十二月	イージス艦情報漏えい事件発生	
二〇〇八年一月	自衛隊インド洋後方支援任務派遣（～二〇一〇年一月）	
二〇〇八年十二月		中国公船、尖閣諸島へ初の侵入
二〇〇九年四月		北朝鮮人工衛星打上げ、飛翔体は東北上空通過
二〇〇九年五月		北朝鮮核実験（二回目）
二〇〇九年八月		第四五回衆議院議員総選挙で民主党政権
二〇一〇年九月		尖閣諸島、中国漁船衝突事件
二〇一〇年十二月	防衛計画大綱改訂（二二大綱）	
二〇一一年三月		東日本大震災、福島原発事故
二〇一二年七月	自民党が「国家安全保障基本法案」提出、不成立	
二〇一二年十二月		第四六回衆議院議員総選挙で民主党大敗

二〇一三年一月	アルジェリア人質事件で政府専用機派遣	
二〇一三年二月		北朝鮮核実験（三回目）
二〇一三年十二月	国家安全保障会議設置法成立 特定秘密保護法成立	
二〇一三年十二月	防衛計画大綱改訂（二五大綱）	
二〇一四年四月	防衛装備移転三原則	
二〇一五年四月	改訂ガイドライン合意	
二〇一五年九月	平和安全法制関連二法案成立 平和安全法制整備法（関連一〇法を一括して改正、自衛隊法、国際平和協力法、周辺事態安全確保法、船舶検査活動法、武力攻撃事態対処法に「存立危機事態」加わる、米軍行動関連措置法に「米軍等」加わる、特定公共施設利用法、海上輸送規制法、捕虜取扱い法、国家安全保障会議設置法）。 国際平和支援法	
二〇一六年一月		北朝鮮核実験（四回目）
二〇一六年七月	ダッカ襲撃事件で政府専用機派遣	
二〇一六年九月		北朝鮮核実験（五回目）
二〇一七年六月	テロ等準備罪（いわゆる共謀罪）を創設（改正組織犯罪処罰法）（注37）	
二〇一七年九月		北朝鮮核実験（六回目）

注

注1　正式名称は「重要影響事態に際して我が国の平和及び安全を確保するための措置に関する法律」
http://elaws.e-gov.go.jp/search/elawsSearch/elaws_search/lsg0500/detail?lawId=411AC0000000060&openerCode=1

注2　弓削達監修・反改憲ネット二一編『有事法制　何が問題か?』明石書店、五九頁

注3　正式名称は「武力攻撃事態等における我が国の平和と独立並びに国及び国民の安全の確保に関する法律」、のちに二〇一五年九月の平和安全法制整備法に関連して「武力攻撃事態等及び存立危機事態における我が国の平和と独立並びに国及び国民の安全の確保に関する法律」に改称。
http://elaws.e-gov.go.jp/search/elawsSearch/elaws_search/lsg0500/detail?lawId=415AC0000000079&openerCode=1

注4　http://www.kokuminhogo.go.jp/torikumi/taishoho.html

注5　正式名称は「武力攻撃事態等における国民の保護のための措置に関する法律」
http://elaws.e-gov.go.jp/search/elawsSearch/elaws_search/lsg0500/detail?lawId=416AC0000000112&openerCode=1

注6　http://www.kokuminhogo.go.jp/torikumi/kankei.html

注7　http://www.kokuminhogo.go.jp/arekore/kokuminhogoho.html

注8　正式名称「我が国及び国際社会の平和及び安全の確保に資するための自衛隊法等の一部を改正する法律」

注9　正式名称「国際平和共同対処事態に際して我が国が実施する諸外国の軍隊等に対する協力支援活動等に関する法律」

注10　外務省ウェブサイト「防衛装備移転三原則」報道発表

注11　http://www.mofa.go.jp/mofaj/press/release/press4_000805.html
「国の存立を全うし、国民を守るための切れ目のない安全保障法制の整備について」

注12　https://www.cas.go.jp/jp/gaiyou/jimu/anzenhoshouhousei.html
伊藤真（東京弁護士会）「国家安全保障基本法の問題点と課題」二〇一四年四月
http://www.jicl.jp/jimukyoku/images/20140421.pdf

注13　平成二九年版『防衛白書』二三三頁

注14　平成二九年版『防衛白書』二三四頁

注15　岩田高明「『自衛隊の任務』の改正」二〇一六年五月に上岡加筆
https://suikoukai-jp.com/suikoukai/wp-content/uploads/2016/05/%E8%87%AA%E8%A1%9B%E9%9A%8A%E3%81%AE%E4%BB%BB%E5%8B%99%E3%81%AE%E6%94%B9%E6%AD%A3%EF%BC%8828.5.14%EF%BC%89.pdf

注16　http://www.cas.go.jp/jp/gaiyou/jimu/anzenhoshouhousei.html#shinsanyouken

注17　首相官邸ホームページ「自衛隊の新任務『駆け付け警護』及び『宿営地の共同防護』」
https://www.kantei.go. jp/jp/headline/keigo.html

注18　「災害対策基本法」
http://elaws.e-gov.go.jp/search/elawsSearch/elaws_search/lsg0500/detail?lawId=336AC0000000223&openerCode=1

注19　「原子力災害対策特別措置法」
http://elaws.e-gov.go.jp/search/elawsSearch/elaws_search/lsg0500/detail?lawId=411AC0000000156&openerCode=1

注20　総務省消防庁資料「防災と国民保護との基本的相違」
http://www.fdma.go.jp/html/singi/pdf/151224_tousin_s6.pdf

注21　箕川恒男『みえない恐怖をこえて　村上達也東海村長の証言』（シリーズ　臨界事故のムラから二）那珂書房、二〇〇二年、六一頁

注22　「原子力百科事典ATOMICA」ウェブサイト

http://www.rist.or.jp/atomica/data/dat_detail.php?Title_Key=10-06-01-09

注23　http://www.fdma.go.jp/html/intro/form/pdf/kokuminhogo_unyou/kokuminhogo_unyou_main/todoufuken_KokuminHogo.pdf

注24　http://www.fdma.go.jp/html/intro/form/pdf/kokuminhogo_unyou/kokuminhogo_unyou_main/sityouson_KokuminHogo.pdf

注25　「文京区国民保護計画」二〇〇七年三月制定、二〇一七年三月改訂

http://www.city.bunkyo.lg.jp/var/rev0/0146/9083/kokuminhogokeikakuzen.pdf

注26　http://www.city.bunkyo.lg.jp/bosai/bosai.html

注27　http://www.city.bunkyo.lg.jp/bosai/bosai/bouhan/kokuminhogo/kokuminhogokyougikai.html

注28　東京都総務局「弾道ミサイルを想定した住民避難訓練の実施について」

http://www.metro.tokyo.jp/tosei/hodohappyo/press/2017/12/26/12.html

注29　「杉原こうじのブログ」二〇一八年一月二十三日　http://kosugihara.exblog.jp/238233593/

注30　岡本篤尚「国民『保護』という幻想　対テロ戦争と『市民』の安全」『世界』岩波書店、二〇〇四年三月、五八頁

注31　「要支援者の避難計画、策定一割満たず　支援者不足の実情」『朝日新聞』二〇一八年一月一日

注32　内閣官房「国民の保護に関する基本指針」　http://www.kokuminhogo.go.jp/torikumi/kihonshishin.html

注33　正式名称「日本国とアメリカ合衆国との間の相互協力及び安全保障条約第六条に基づく施設及び区域並びに日本国における合衆国軍隊の地位に関する協定の実施に伴う刑事特別法」

注34　現在通称される「秘密保護法（二〇一三年十二月制定）」とは異なる。正式名称「日米相互防衛援助協定等に

伴う秘密保護法」

注35　正式名称「国際緊急援助隊の派遣に関する法律」

注36　正式名称「秘密軍事情報の保護のための秘密保持の措置に関する日本国政府とアメリカ合衆国政府との間の協定」

注37　平岡秀夫・海渡雄一『新共謀罪の恐怖――危険な平成の治安維持法』緑風出版、二〇一七年

第三章　世界の核はどうなっているか

世界の核兵器の現状

表3―1は「長崎大学核兵器廃絶研究センター」の資料[注1]による二〇一七年六月一日現在の世界各国の核弾頭保有・配備状況（弾頭数でみた場合）を示す。同資料によると、作戦配備（ミサイルや航空機の運搬手段と結合され即時使用可能な弾頭）が四一二〇発、作戦外貯蔵（整備・検査のローテーションに入っている予備分や、再使用の可能性を想定して貯蔵しているもの）が五二八〇発、退役・解体待ち（運搬手段から外され解体を前提に保管されているもの）が五五〇〇発となっている。いずれも情報を公開していない国があるため推定を伴うが米国とロシアが圧倒的多数を占める。北朝鮮の核弾頭保有数は二〇発以内と推定されている。

一九四五年に米国が初めて核実験を実施して以来、ソ連・フランス・中国・英国は競って核兵器の威力・数量を拡大し、大気圏内・水中・高高度での核爆発を伴う実験は確認されているだけで二四〇〇回に達した。一九八六年には弾頭数で数えて最大七万発に達したとされる。一九九〇年代からは冷戦終結に伴い核弾頭は削減の方向にあるが、インド・パキスタン・北朝鮮が新たに核保有国となるなど新たな動きもみられる。中国の作戦配備がゼロは意外と感じられるかもしれないが、中国は偶発的な事故を防止するために意図的に弾頭と運搬手段（ミサイル）を分離して保管する対応をとっているとみられる。このため抑止力としては核を保有しているが即応戦力ではなく、米国・ロシアと比較すると核に関しては抑制的な姿勢がみられる。

表3—1　各国の核弾頭保有状況

	作戦配備	作戦外貯蔵	退役・解体待ち等
ロシア	1916	2388	～2700
米国	1800	2200	～2800
フランス	280	10	10
中国	0	240	30
英国	120	95	0
イスラエル	0	80	0
パキスタン	0	～140	0
インド	0	110～120	0
北朝鮮	0	20以内か	0
合計	～4120	～5280	～5500
推定を伴うため合計は一致しない部分がある			

また国際的な核の管理に関する枠組みとして「核兵器の不拡散に関する条約（NPT）」がある。NPTは一九六七年時点で核兵器を保有する米国・ソ連（現ロシア）・フランス・中国・英国を「核保有国」として、その他の国の核兵器保有を禁止する条約である。日本は一九七六年に同条約を批准した。インド・パキスタン・イスラエルは同条約に加盟せず、北朝鮮はいったん加盟したが核兵器の開発を続け、その後脱退した。

一方で「核シェアリング（核の共用）」という枠組みがある。冷戦時代にヨーロッパで東側（主として旧ソ連）に対抗するための軍事同盟としてNATO（北大西洋条約機構）が構成された。NATO加盟国のうち自国で核兵器を保有するのは米国・英国・フランスである。その他の自国で核兵器を持たないNATO加盟国のうちベルギー・ドイツ・イタリア・オランダ・トルコは、有事の際に核兵器保有国が管理（事実上は米国）する核兵器を自国の運搬手段（主に航空機から投下する爆弾）で使用する方式を採用している。注2 その他に受入国の基地から米国が直接運用する分もある。核シェアリングでの弾頭数は各国二〇～五〇発である。

しかしこれでは実質的に米国からの供与と同じでありNPT違反ではないかという疑問が当然提示される。これに対して米国は「管理権は渡していない」などいくつかの理由を挙げてNPT違反ではないと主張している。「置いてはあるが保有していない」という不明瞭な枠組みであるが、冷戦時代には陸続きで旧ソ連・東欧と対峙する西側諸国の危機感から「核シェアリング」が続けられてきた。米国が保有する核戦力全体に比べれば威力・数とも小さいが、二〇キロトン前後の原爆で広島・長崎の両都市が壊滅したことを考えれば、実際に用いられればヨーロッパの主要都市を壊滅させかねない破壊力を有している。日本の核武装論との関連で考えると、自主開発が当面非現実的とすれば、米国との間で「核シェアリング」の枠組みが用いられる可能性もある。

ただし日本では歴代の自民党政権と米国の間で「密約」による実質的な持込みが行われているとの疑惑はたびたび指摘されており、[注3]米軍の艦船・航空機の搭載物を確認する方法もないことから実質的には「核シェアリング」がすでに行われている可能性もある。なお一九六四〜六七年にかけて米国のローレンス・リバモア研究所は、経済的小国でも核を保有できるか机上実験を実施し、可能との結論を得ている。[注4]また別の意味では、米国などの大国でも、大規模な通常兵力を世界中に展開するよりは核兵器のほうが相対的に安上がりであるためになかなか核廃絶が進展しない原因にもなっている。

米国と核兵器

日本では、核兵器は通常兵器と隔絶した戦争手段と認識されているし、そもそも核兵器といえば広島・長崎のイメージしか浮かばない。一九五二年十月二十四日、日本学術会議は政府に原子力委員会の設置を提議しようとする会議を開催した。当時は広島・長崎の惨禍の記憶がまだ生々しい一方で「核の平和利用」、すなわち主に発電としての利用が提唱されるようになった時期である。ここで委員の三村剛昂《よしたか》が「原子力発電は容易に原爆に転換しうる」として反対し提議は取りやめられた。その際に「この残虐なものを使った相手は、相手を人間と思っておらぬ。相手を人間と思っておらぬから初めて落とし得るのでありまして、相手を人間と思っておるなら、落とし得るものではないと私は思うのであります」と述べている。[注5] このスピーチにも核兵器は通常兵器と隔絶した手段という暗黙の前提が存在する。しかし同じような惨禍は、ナパーム弾（油脂焼夷弾）による戦時中の日本国内の都市空襲でもベトナム戦争でも発生しており、その死傷者数は世界的な累積では核兵器より桁ちがいに多い。相手を人間と思っていない前提があるとすれば同じであろう。

米国では核兵器と通常兵器の間の認識の差は小さい。通常兵器の延長上で「破壊力が大きく効率の良い兵器」との認識が強い。[注6] その背景はやはり実際の被爆国である日本との認識の差であろう。米国では核兵器の使い方に関する分類、すなわち相手側の国あるいは政府機能そのものを壊滅させる「戦略」核兵器と、主に相手側の軍事力を制圧する「戦術」核兵器の区別として認識されている。特に戦術核兵器については、ミサイルや航空機（運搬手段）と弾頭を目的に応じて組み合わせるオプションの一つにすぎず、現に米国の一部の兵器は核弾頭・通常弾頭が共用できるように設計されている。トランプ政権による核態勢見直し（NPR）[注7] では局地攻撃用の小型核兵器を開発するとともに、相手側が核を使用しなくても反撃に核を使用するなど、核使用のハードルを下げる方針が示された。[注8] 日本側でも「北朝鮮が日本のインフラにサイバー攻撃を仕掛けてきても米国が核報復しなければ、抑止の信頼性がゆらぐ」[注9]との意見がある。一方でロシアのプーチン大統領は二〇一八年三月一日の演説で新型核兵器の配備を発表し、どのような米国側の防衛システムも突破できると説明し、同盟国に対する核攻撃はロシアに対する攻撃とみなすと述べた。[注10]このような状況では核攻撃の応酬に発展するおそれは依然として存在する。

広島型（濃縮ウラン使用）・長崎型（プルトニウム使用）の原爆はともに現在では旧式で実用兵器にならないが、外観写真を除き技術的内容は今も公表されていない。起爆装置の部分は繰り返し実験を行ったとみられるが、実際に核物質を用いた爆発としては長崎型について一回だけ米国内で実験しただけで、[注11]広島型は「ぶっつけ本番」であった。長崎型でも実際に投下された弾頭「ファットマン」は実験直後からテニアン島に部品の搬送が開始されており、実験の結果を反映して設計を修正する工程ではなかった。どのような兵器でも試作品をいきなり実戦に持ち込む例は希であるが、それにもかかわらず「成功」してしまったのは、開発にあたりきわめて周到な準備を行った経緯が推定される。

当時は米国でも兵器用の核物質の製造量は限られていたと考えられるが、軍事的理由の他に米国が原爆投下を急いだ政治的な理由が指摘されている。[注12]広島型原爆では、装てんされていたウランのうち実際に核分裂を起こしたのは五％程度と推定されている。米国にとっても初めての核兵器で実験もしていないのだから、核分裂の比率が想定より高ければ地上でさらに甚大な被害が発生したことはもとより、米軍の投下機や観測機も巻き添えで生還できなかった可能性がある。頻繁に大気圏内核実験を行っていた時期には、自国の兵士さえ無防備で核爆発に立ち会わせている。[注13]さらにビキニ環礁での水爆実験（一九五四年三月）では爆発の威力を過小に推定して危険水域の指定を誤り、第五福竜丸ほか約一〇〇〇隻の漁船乗員やロンゲラップ環礁の住民に深刻な被ばくをもたらした。

米軍（だけではないが）は自国将兵の生命さえ尊重していたわけではなく、この面からみてもまさに人体実験の性格を有していた。広島への原爆投下当時は物理的な破壊力に関心が高く、爆風圧を最も効果的に利用するように検討を重ねて起爆高度（六〇〇ｍ）を決定した。その一方で放射線や熱線には関心が乏しく、広島・長崎の結果で放射線や熱線による威力が大きいことに気づいたという。[注14]こうした経緯から、被ばくによる後障害に対する関心はさらに低かった。核兵器の効果に関する著名な文献[注15]では六〇〇頁以上・一二章から成る内容のうち大部分は「兵器としての破壊力」の検討であり、放射線の人体影響について触れているのは最後の一章のみである。

北朝鮮をめぐる経緯

核の使用を背景に軍事的・政治的目的を達成しようとする「核脅迫」は、北朝鮮がまだ核兵器を保有していない段階から米国が先行して行ってきた経緯がある。旧ソ連・中国も核脅迫を行ってきたが一九七〇年代以降は米国が中心である。一九五〇年六月に朝鮮戦争が始まり、一九五三年七月にいわゆる「三八度線」を挟んで休戦協定が締結された。この休戦協定は、一方の当事者は国際連合軍（大韓民国、米国ほか一五カ国）、他方は朝鮮人民軍と中国人民軍の連合軍の間で締結された協定であり、韓国（大韓民国）と北朝鮮の間での合意ではない。

韓国と北朝鮮は双方で朝鮮半島全体が自国領土であると主張しているが、実質的には韓国と北朝鮮という別の国が存在していないながら、三八度線は国境ではなく今も軍事境界線であり、六〇年間以上も「休戦」したままという不安定な構造が残された。北朝鮮側は朝鮮戦争において一時は優勢に立ったが、米国側からの核兵器使用の脅威を背景とした圧力により後退して妥協を受け入れざるをえなかった。それ以後も米国の各政権で北朝鮮に対する核脅迫が繰り返し行われてきた。[注16]もとより関連国政府の公式の表明あるいは報道で明らかとなっている情報のみであり、その他に水面下での非公開情報については知ることができない。いずれにしても北朝鮮が「核には核で」というドクトリンに固執する結果を招いたのは米国による核脅迫が発端といえよう。

かつての中国の毛沢東政権での核開発に関して、毛は「全面核戦争で世界の人口の半分を失っても、帝国主義を打倒すれば目的を達する」と発言したと記録されている。[注17]これに比べると、北朝鮮は日常的に攻撃的なメッセージを発しているものの要求はささやかである。これに対して日本のほうが軍事大国の幻想を肥大させてゆくのでは、東アジアが平和的に安定状態に到達する可能性を遠ざけるばかりである。

朝鮮戦争の終結（一九五三年七月）以後に韓国と北朝鮮の間で何回か実射を伴う事件が起きているものの本格的な戦闘はない。二〇一〇年三月二十六日には韓国海軍の哨戒艦「天安《チョナン》」の爆発沈没事件があり、北朝鮮の潜水艦による魚雷発射の可能性が指摘された。北朝鮮は否定しており事故の可能性も検討されたが国連安全保障理事会は北朝鮮による攻撃と認定した。また二〇一〇年十一月二十三日には、韓国内の延坪島《ヨンピョンド》に向けて北朝鮮から多数のロケット砲が撃ち込まれる砲撃事件が発生した。韓国側で軍人および民間人の死傷者が生じたが韓国側は自制的な反応を示し本格的な軍事衝突には至っていない。

またそれ以前に北朝鮮と米国との間では、情報収集艦プエブロ号拿捕事件（一九六八年一月）、偵察機EC121撃墜事件（一九六九年四月）、ポプラ事件（一九七六年八月）等が発生して米国軍人に死傷者が生じ、北朝鮮に対して航空機や艦船による米軍の示威行為が行われたが開戦には至っていない。

北朝鮮は第四次中東戦争（一九七三年九～十月）への空軍派遣など部分的な戦闘経験はあるが、朝鮮人民軍の将官級でも朝鮮戦争時代の実戦経験者は引退していると思われる。韓国は朝鮮戦争のほか一九六四年～七三年にベトナムに派兵しているがこれも実戦経験者は引退している。日本はもとより実戦経験はない。実戦経験者が切れ目なく実務に就いているのは米国のみである。いかに優れた装備や多数の兵員を有していても、戦争は実物と実物が衝突しなければ結果はわからない。

北朝鮮の核とミサイルの開発経緯

運搬手段であるミサイルについては後述するが、日本に到達可能なミサイルのペイロード（搭載可能な弾頭重量）は五〇〇～一〇〇〇kgとみられる。北朝鮮が米国・ロシア等の技術水準に達していればこの重量の範囲内で威力の大きな水爆級核弾頭を製作することは可能であるが、実際の技術開発状況は不明である。北朝鮮は二〇一七年十一月二十九日の新型（改良型）ミサイル発射後に国営メディアを通じて「核戦力は完成された」[注18]と表明しているが、再突入（高々度を飛行してきたミサイルの弾頭部分が目標地点に突入して起爆するまでの過程・後述）に成功した事例は知られておらず、実戦使用には至らないとの見方もある。

最も小さい核弾頭は二〇kgていどといわれるので人力による携行持ち込みも可能性という点ではゼロではないが、ここでは弾道ミサイルを前提に検討する。二〇一六年以降、北朝鮮によるミサイル発射の頻度が高まり、二〇一六年については一七回、二〇一七年については一三回（十一月二十九日の分まで）のミサイル発射が記録されている。[注19] 北朝鮮は米国本土まで到達可能な爆撃機を所有しておらず、[注20] 現実的な手段は弾道ミサイルしかない。

歴史的にみると一九六二年に旧ソ連から設備や技術の協力を得て核開発を開始し、一九七二年には韓国の朴正熙《パクチョンヒ》政権に対して南北共同核開発を提案したこともある。その一方で一九八五年にＮＰＴにいったん加盟した。しかしその後も条約に反して核開発を続けた後、二〇〇三年一月には同条約からの脱退を通告した。

この間に北朝鮮の核開発の放棄を求めるため、核転用の可能性が少ない軽水炉と重油の提供を見返りとして、「朝鮮半島エネルギー開発機構（ＫＥＤＯ）」が日本・韓国・米国の共同組織として一九九五年三月に設立された。しかし北朝鮮は核開発を止めずＫＥＤＯは機能しないまま最終的に二〇〇五年に解散した。

その後二〇〇六年十月に最初の核実験を実施したのを始め二〇一〇年代から核実験やミサイル実験の頻度が増し、弾道ミサイルの精度と核兵器の威力の向上など、技術的なレベルが急速に向上していると推測される。これまでの主な核実験と、それに関連した主な弾道ミサイル、すなわち最終的に技

表3―2　北朝鮮の核実験と関連する重要な弾道ミサイル発射

実施年月日	ミサイル形式	内容
2006年10月9日	【核実験1】4キロトンと事前通告されたが実際は1キロトン程度か。(プルトニウム型)	
2009年4月5日	テポドン2又は派生型	人工衛星打上げ用としてロケットを発射し東北地方上空を通過、軌道投入は失敗とみられる。日本政府は破壊措置命令を発令したが実施せず。
2009年5月25日	【核実験2】4キロトン程度か。(プルトニウム型)	
2011年12月より金正恩政権		
2012年4月13日	テポドン2又は派生型	人工衛星打上げ用ロケットを発射したが直後に失敗とみられる
2012年12月12日	テポドン2派生型	多段式ロケットを発射し沖縄県上空を通過。人工衛星の軌道投入に成功とみられるが衛星の機能としては実体なしか。日本政府は破壊措置命令を発令したが実施せず。「Jアラート」発動。
2013年2月12日	【核実験3】10キロトン以上、広島型原爆と同程度か。「小型化に成功」と発表	
2013年～15年	頻繁に発射されているが短距離型が多い。	
2015年11月28日	SLBM	初めて潜水艦発射型弾道ミサイルの実験。
2016年1月6日	【核実験4】10キロトン程度。「水爆実験に成功」と発表したが前段階実験か。	
2016年2月7日	テポドン2派生型	多段式ロケットを発射し沖縄県上空を通過。人工衛星の軌道投入に成功とみられるが衛星の機能としては実体なしか。「Jアラート」発動
2016年4月23日	SLBM	潜水艦発射型弾道ミサイルの実験。
(2016年8月8日)	同日以降、破壊措置命令が常時発令となる	
2016年9月9日	【核実験5】10～20キロトン程度。「核弾頭の威力を判定」と発表。	
2016年7月9日	SLBM	潜水艦発射型弾道ミサイルの実験。
2017年5月14日	IRBM(中距離弾道ミサイル)級の新型か	北朝鮮は「火星12」と発表
2017年5月21日	SLBM改良型か	固体燃料型の弾道ミサイルを地上発射
2017年6月8日	巡航ミサイル	対艦巡航ミサイルの試験に成功と発表
2017年7月4日	IRBM級の新型か	北朝鮮は「火星14」と発表
2017年8月29日	IRBM級の新型か	多段式ミサイルを発射し、北海道南部上空を通過し襟裳岬東方の太平洋上に落下。「Jアラート」発動
2017年9月3日	【核実験6】強化原爆[注21]または水爆か、160キロトン程度で過去最大規模。	
2017年9月15日	IRBM級の新型か	多段式ミサイルを発射し、北海道南部上空を通過し襟裳岬東方の太平洋上に落下、8月29日の発射より飛翔距離が伸びる。「Jアラート」発動
2017年11月29日	新型ICBM(大陸間弾道弾)級と推定	高軌道で打上げ、高度4500km以上に到達か 通常軌道では米本土全域到達の可能性

表3―3　北朝鮮が保有・開発する弾道ミサイル

通称	射程	燃料	発射方式	弾頭重量
トクサ	約120km	固体	TEL	
スカッドB・C・ER・改良型	約300km／約500km／約1000km／分析中	液体	TEL	700～1000kg
ノドン改良型	約1300km／約1500km	液体	TEL	700kg
ムスダン	約2500～4000km	液体	TEL	650kg
SLBM	1000km以上	固体	コレ級潜水艦	
SLBM改良型	1000km以上	固体	TEL	
IRBM級の新型	最大で約5000km	液体	TEL	
ICBM級の新型	5500km以上	液体	TEL	
テポドン2派生型	約10000km以上	液体	発射場	500～600kg
KN-08／KN-14	5500km以上（ICBMとの指摘）	液体	TEL	
KN-15	10000km以上（米本土全域到達可能）	液体	TEL	ミサイル単体としては米本土到達可能だが搭載能力は不明

術開発が完了したとすれば核弾頭を搭載して日本および以遠に到達可能な弾道ミサイルの発射は次の表3―2のとおりである。北朝鮮のこれまでの主要なミサイル発射回数[注22]は、金正日前政権の一八年間で一六回に対して、金正恩政権になってから七年間で七五回と著しく増加した。[注23]

これまでの弾道ミサイルの実験等から推定するかぎり北朝鮮独自の技術を開発する余裕はなく、他国で実績がある技術を組み合わせていると考えられる。核やミサイルにかぎらず技術開発は、独裁者が叱咤激励したからといって簡単に進展するものではない。すなわち手探りで開発している期間はすべての技術要素が不安定で失敗が多く回り道を余儀なくさせられるため、いかに軍事優先の国だからといって開発リソース（資金・設備・人員）が分散して効率がなかなか上がらない。しかし次第に技術が固まってくると開発の要素を絞り込めるので開発リソースを集中させられる。また核兵器や弾道ミサイルの先進国の事例を参考にして予め回り道を回避すれば、それだけ時間を節約できる。それらの臨界点を越えたので急速に開発ペースが上がった可能性がある。

このことから核やミサイルの先進国と何らかの関係を有する者が技術面・運用面で関与している可能性が少なくないが実態は不明である。金委員長が独断的に発射命令を下しているかのように報じられているが、軍が金委員長を利用して暴走している可能性も考えておく必要がある。国の規模の大小によらずいったん核を保有すると次々と大規模化・高度化を目指すサイクルに陥り抑制が効かなくなるからである。一方でいずれ政治的に大きな変動があった時に備えて、金委員長にすべてを転嫁して軍の責任を回避する方策を整えている可能性もある。

北朝鮮の核戦力の現状

表3―3は北朝鮮が保有・開発する弾道ミサイルの要目一覧を示す。[注24] 核弾頭の搭載については、弾道ミサイル本体および核弾頭の技術開発が米・ロに準ずるレベルまで進展すれば可能であるが現時点では不明である。ミサイルに搭載可能な大きさの核弾頭を金委員長が視察している映像が北朝鮮側から公開されているが、[注25] 実際に起爆可能な装置が内蔵されているのかどうかは確認できない。

菅義偉官房長官は二〇一七年九月十三日のテレビ番組で、核兵器の弾道ミサイルに実際に搭載できる小型化・弾頭化についてはまだ達成されていないとの認識を示した。[注26] 官房長官の個人的見解とは思われないが、どこからその情報を得ているのかは不明である。

表3―3のTELとは「輸送起立発射装置」（Transporter Erector Launcher）の意味で、ミサイルを大型トラックあるいはトレーラー状の車両に寝かせて搭載し、移動先でミサイルを立てて（起立）発射状態にする方式である。北朝鮮はじめ中国やロシア（旧ソ連）の軍事パレードにしばしばこの方式の車両が登場するため外観はよく知られている。固定式の発射基地では相手側に事前に場所が知られており攻撃されやすいが、随時移動することにより攻撃による損害の確率を低くする方式である。最近の北朝鮮のミサイル発射の特徴としてTELにより発射するケースが増え、従来の地上固定式の基地からの発射はむしろ例外的になっている。

金日成・金正日政権の時期には、もともと近距離陸戦用の移動式ロケット砲を除いては特定の固定基地からの発射であったが、現在は北朝鮮内のあらゆる場所から発射されており「どこからでも発射できる」というアピールを兼ねていると思われる。ただし移動式とはいえ速度は遅く、装置の設置にはあるていど開けた平地や保管・支援・整備の施設が必要であり、発射準備にも一定の時間がかかるので事前の探知は可能である。米国では後述の潜水艦搭載型の水中発射方式の弾道ミサイル（SLBM）が発達したため、陸上型の移動式発射装置は採用されていない。

さらに陸上移動型よりも潜水艦搭載型にしたほうがはるかに秘匿性が高まる。米・ロ・中・英・仏が保有する弾道ミサイル搭載型の原子力潜水艦がこれにあたる。これらは潜航したまま弾頭ミサイルを発射できるので軍事的な効果は大きい。北朝鮮は原子力潜水艦を保有していないが水中発射方式を開発しており、二〇一五年二月に成功したとする画像を公開している。ただし現状では水中発射の試験段階と考えられており、発射から長距離の目標到達まで一連の実験に成功した報告はない。潜水艦搭載型にした場合は、潜水艦の艦体に収めるために陸上型よりもミサイルをかなり小さくする必要があり、高度な技術が要求される。

現在の北朝鮮の潜水艦は原子力推進ではなく通常動力（ディーゼルエンジン使用）である。ディーゼルエンジンは空気中（水上）でなければ運転できず、潜航する場合にはエンジンを止めてバッテリーとモーターで航行する。原子力潜水艦が開発されていない第二次大戦中に各国の潜水艦が行っていたように、敵側と遭遇する危険の少ない海域や発見されにくい夜間に浮上してエンジンで航行しながらバッテリーに充電し、昼間はできるだけ電池を節約しつつ低速で潜水航行するが、このような航行方式では現代の監視体制では容易に探知される。通常動力では長くても二日程度の潜水航行が限度とされているが、この状態では隠れているのみで積極的な作戦行動はできない。小型の艦ではさらに活動が制約される。

二〇一七年七月には北朝鮮の潜水艦（ミサイル搭載能力なし）が四八時間連続で日本海で活動していると報じられたが、[注27]これは行動が常時把握されていることを意味するので秘匿性は失われている。韓国や北朝鮮の近海での特殊部隊の送り込みや哨戒艦「天安《チョナン》」爆発沈没事件（二〇一〇年三月）への関与などが知られているが外洋での活動は困難である。北朝鮮は原子力潜水艦の建造能力はないとみられるが、通常動力でＳＬＢＭの搭載が可能な潜水艦を建造中との情報もある。[注28]他に原子力推進ではないが動力に空気を必要とせず一定期間は継続して潜航できるＡＩＰ方式（Air Independent Propalsion）が登場しているが、高度な技術が必要であり北朝鮮での建造の可能性はないであろう。

注

注1　http://www.recna.nagasaki-u.ac.jp/recna/nuclear/nuclear1/nuclear_list_201706

注2　特定非営利活動法人・ピースデポ「軍事力によらない安全保障体制の構築をめざして」『核兵器・核実験モニター』第五〇二―三号、二〇一六年五月　http://www.peacedepot.org/wp-content/uploads/2016/12/nmtr502-3.pdf

注3　「密約が裏打ちした非核」『毎日新聞』二〇〇八年十二月二十二日

注4　杉田弘毅『検証　非核の選択』岩波書店、二〇〇五年、八三頁

注5　藤田祐幸『藤田祐幸が検証する　原発と原爆の間』本の泉社、二〇一一年、五六頁より三村剛昂の発言

注6　マイケル・D・ゴーディン、林義勝・藤田怜史・武井望訳『原爆投下とアメリカ人の核認識』彩流社、二〇一三年、一一二頁

注7　核態勢見直し（NPR）は米国の核戦略の指針で、一九九四年にクリントン政権が初めて策定したが、政権が代わるたびに見直しされている。トランプ政権では「核兵器のない世界」を掲げたオバマ前政権の方針を大きく転換するものとなる。

注8　「米、核戦略を大転換＝軍縮放棄、新型兵器開発へ」『時事通信』二〇一八年二月十三日ほか各社報道

注9　「NPRは日本に有益か否か（杉本康士署名）」『産経新聞』二〇一八年二月二十六日

注10　「ロシア大統領が新型核兵器を誇示、戦略指針変更の米国をけん制」『ロイター』二〇一八年三月二日ほか各社報道、ただし既に知られている開発計画に言及したに過ぎず新規性はないとの評価もある。

注11　長崎への原爆投下の約一カ月前、一九四五年七月十六日に米国内のニューメキシコ州で地上に試作爆弾を設置して行われた。

注12　ジョセフ・ガーソン、原水爆禁止日本協議会訳『帝国と核兵器』新日本出版、二〇〇七年、一〇一頁。ソ連に

軍事的優位性を誇示して牽制しようとしたこと、開発に多大な財源を費やし成果がなければトルーマン大統領が政治的に不利になることなどが指摘されている。

注13 マイケル・ハリス、三宅真理訳「ぼくたちは水爆実験に使われた」文春文庫、二〇〇六年、一七七頁

注14 ＮＨＫ平和アーカイブス「ＮＨＫスペシャル　原爆投下 一〇秒の衝撃」一九九八年八月六日
内容紹介はhttp://www.nhk.or.jp/peace/library/program/19980806_01.htmlより

注15 Samuel Glasstone and Philip J. Dolan, ed., The Effects of Nuclear Weapons (3rd ed.), Washington, D.C., U.S. Government Printing Office, 1977

注16 前出、ジョセフ・ガーソン、八四、一九〇、二四五頁等より。

注17 ユン・チアン、ジョン・ハリデイ『マオ　誰も知らなかった毛沢東（下）』講談社、二〇〇五年、一四三頁

注18 『毎日新聞』二〇一七年十月二十九日その他各社報道

注19 防衛省「二〇一六年の北朝鮮によるミサイル発射について」
http://www.mod.go.jp/j/approach/surround/pdf/dprk_bm_20160909.pdf

注20 韓国や日本の一部に対しては航続距離の短い航空機でも運搬手段になりうる。

注21 強化原爆とは、初期型の原爆（広島・長崎のような核分裂方式）に対して、少量の添加物質を加えることによって核分裂の効率を高めた形式の核兵器で、水爆には及ばないが威力の向上および小型化に有効であるとされる。また同じ弾頭でも目的に応じて使用時に威力を調節できる方式が開発されている。

注22 The CNS North Korea Missile Test Database, Nuclear Threat Initiative; David Wright, Global Security Program at Union of Concerned Scientists
http://www.nti.org/analysis/articles/cns-north-korea-missile-test-database/　より要約

注23 The CNS North Korea Missile Test Database, Nuclear Threat Initiative; David Wright, Global Security Program at Union of Concerned Scientists
http://www.nti.org/analysis/articles/cns-north-korea-missile-test-database/　より要約

注24　防衛省『防衛白書』平成二十九年版、八六頁その他資料より
注25　ＢＢＣ ＮＥＷＳ ＪＡＰＡＮ「北朝鮮の核兵器開発　金正恩委員長の視察写真から読み取れること」二〇一七年九月四日。http://www.bbc.com/japanese/features-and-analysis-41144439
注26　『時事通信』二〇一七年九月十三日、その他各社報道
注27　『日本経済新聞』二〇一七年七月二十一日ほか各社報道
注28　『東京新聞』二〇一七年九月十四日ほか各社報道

第四章　日本の核武装論

日本の核武装論の経緯と今後

二〇一八年からは朝鮮半島における緊張緩和を模索する動きもあるが、新たな懸念も生じる。それは「核を持てば言いたいことが言える」という実績を北朝鮮が示したことになり、日本の核武装論者が主張している理由を補強する方向に作用するからである。北朝鮮は、核を背景にした脅迫外交は米国が先であるという国際的に周知の事実を前提として交渉相手を米国に限定している点は巧妙である。いずれにしても日本の核武装論に欠落している観点は、日本が核を持ったとして、想定される相手国(現実的には北朝鮮)に求める行動は「核の放棄」なのか「使用の抑止」なのかという基本的な目標の設定である。日本が核武装すれば北朝鮮にとっていっそう核保有の正当性を与えるという逆効果については全く関心が払われていない。

「はじめに」で紹介したように、筆者が担当する大学の講義の学生約五〇〇名を対象に北朝鮮の核問題に関するアンケートを実施したところ、全体の約二割に「日本も核を持つ」との記述がみられた。ただし核武装論は北朝鮮の核・ミサイル問題を契機に登場したのではなく、早くも敗戦直後から公式・非公式に繰り返し浮上している。日本の核武装論には大別して二つの流れがある。第一は、「核を持たなければ一流国ではない」等のイデオロギー的な発想である。第二は、原料となる核物質の調達に始まり製造技術、運搬手段、費用など実務面から検討を加えた議論である。

第一の議論の代表例として、石原慎太郎は一九七一年に「(核兵器が)なけりゃ、日本の外交はいよいよ貧弱なものになってね。発言権はなくなる」「だから、一発だけ持ってたっていい。日本人が何するかわからんという不安感があれば、世界は日本のいい分をきくと思いますよ」と述べている。[注1]「一発」は比喩としても、弾道ミサイルや爆撃（攻撃）機などの運搬手段を伴わずに少数の核弾頭を所有すると外交における存在感に結びつくのだろうか。NATOにおける核シェアリング（第三章参照）でも参加国は最低二〇発程度を配備しており、この程度の数がなければ現実の戦力として意味がない。しかも「何するかわからんという不安感」を背景にした外交とは弱小国にかぎって許容される手段であり、日本が国際的に認められる「大国」ならばありえない発想である。「核がなければ一流国ではない」という認識こそ米国に対する敗戦コンプレックスが払拭できない「自虐史観」である。

石原は二〇一二年に外国特派員協会で講演した際にも「日本は核兵器に関するシミュレーションぐらいやったらよい。これが一つの抑止力になる。防衛費は増やさないといけない。防衛産業は裾野が広いので、日本の産業も、中小企業も助かる」「軍事的な抑止力を強く持たない限り外交の発言力はない。今の世界で核を保有しない国の発言力、外交力は圧倒的に弱い。北朝鮮は核を開発しているから存在感がある」と述べている。[注2]この発想は北朝鮮に酷似しており、むしろ親和的な態度すら示している。

「核兵器を持つことが「エリートクラブ」入りだという意識は、米ロ英仏中の五カ国だけに核兵器保有を容認したNPTの不平等性に起因するだろう」[注3]との指摘もある。橋下徹（元大阪府知事・元大阪市長）は、「核兵器禁止条約」のように軍縮や核廃絶を訴える枠組みでは核の五大国（米国・ロシア・中国・英国・フランス）を動かすことはできず、むしろ非保有国が一致して核保有を示唆すれば五大国が危機感を持ち、NPTの不平等性（五大国の既得権を温存しながら、非保有国には今後の保有を認めない）

の是正に動かざるをえなくなると指摘している。[注4]また日本がその中心となるべきであるとしている。

しかしこの議論もまた非現実的である。「非核保有国が一致」という枠組みが実際に構築されるならば、核兵器以前に世界各地の紛争も起きないであろう。しかもNPTの枠外で核を保有する国々（北朝鮮・インド・パキスタン）をはじめ潜在的に核の保有を望む国々に正当性を与え、新たな核保有国が次々と登場する事態を招く。そうなれば五大国も核廃絶どころか既得権の維持あるいは拡大をめざすようになるだろう。

鈴木達治郎（元内閣府原子力委員会委員長代理）は、核による核の抑止という考え方に実体はなく、むしろ核拡散・核軍拡を招くと指摘している。[注5]いずれにしても第一の議論の論者の多くは、理工学的な知識あるいは技術面の実務経験を持たないため「日本には技術があるからその気になれば一年以内で核武装できる」[注6]等の非現実的な前提にもとづいて発言しており議論の対象とする価値はない。

第二の実務面からの議論の代表例として、安全保障調査会による報告書（一九六八年）が知られている。[注7]広島・長崎の惨禍から二〇年ほどの時期にすでに核武装論が検討されていたことには驚くが、原料の調達から所要人員（技術者・科学者）、開発体制まで具体的に推定している。この時期には米国でも弾道ミサイルの信頼性は十分でなく、運搬手段の想定には苦慮しており大型旅客機（当時はDC8、次にB747が予定されていた）を改造して爆撃機として使用する等の記述がみられる。費用面では当時すでに核保有国であったフランスと対比し、GDPがほぼ同じ［注・当時］であるから経費負担についても無理ではないと評価している。開発体制については一三〇〇名の技術者、五〇〇名の科学者が必要だと推定している。一方で興味深い指摘として、日本の組織の運営・管理体制が大規模兵器システムの開発に適しているかどうかの懸念が示され、プロジェクト管理体制の構築が問題となるであろうとしている。

このほか核武装・核使用の検討例は公式・非公式に少なからず存在した。[注8] 一九六三年には自衛隊統合幕僚会議による「三矢研究（昭和三十八年度総合防衛図上研究）」が行われていた。これは第二次朝鮮戦争を想定した机上シミュレーションであり、米軍との共同作戦で戦術核兵器を使用する想定であった。一九六八年頃より内閣調査室は研究者・実務者を集め「日本の核政策に関する基礎的研究（その一・二）」を作成している。これと密接に関連した東海発電所（核兵器原料の製造に適した黒鉛ガス炉。一九九八年に廃炉・現在解体中）と合わせた経緯が紹介されている。[注9]

一九七〇年には中曾根康弘（当時・防衛庁長官）が研究者・実務者を集めて核武装を研究したことを認めている。[注10] 一九六九年には外務省・外交政策企画委員会が「わが国の外交政策大綱」を取りまとめ「当面核兵器は保有しない政策をとるが、核兵器製造の経済的・技術的ポテンシャルは常に保持するとともに、これに対する掣肘《せいちゅう》を受けないよう配慮する」としている。[注11] 一九八〇年には防衛庁防衛研修所（当時）が技術的可能性や費用について研究を行い、報告書「核装備について」を一九八一年に発表した。

ただしこれらの検討では、実務者が参加していることもあって概して現実的な視点から結論は似たものとなっており、日本独自の核武装は技術的には不可能ではないとしても、費用・外交・政治の観点からデメリットが大きく現実的でないと評価している。また神谷万丈（防衛大学校教授）は「核武装論を唱えるのは、ほとんどが、国際政治について必ずしも深い造詣を持っているとは思えない人であり、わが国の国際政治・安全保障の専門家からは日本の核武装を支持する声が全くといっていいほど聞かれない」としている。

日本はいまのところ米国のいわゆる「核の傘」に依存しているが「核の傘」は北朝鮮には効かないと指摘する論者もいる。[注12] 抑止力や、さらには事前攻撃を主張する者は、しばしば市民の平和運動に対して「頭の中がお花畑」という罵倒を浴びせる。すなわち、いかにこちらが一方的に平和や戦争反対を唱えたところで相手の判断には影響を与えないのだから、武力による対抗、あるいはそれを背景とした政治的圧力しかないという発想である。しかし相手側が「人間の価値が安い国（あるいは集団）」であれば、犠牲をいとわず政治的・軍事的目的を達成しようとするから抑止力は通じない。その実例は、北朝鮮を例に出すまでもなく過去の日本がそれにあたる。

日本国憲法と核武装

筆者が民間企業に勤務していたころ、フィリピンの技術者と雑談していて原子力や核兵器の話になった。普段は控えめな彼がその話題になると「フィリピンは憲法で核兵器の保有を禁止している」と強調したので印象に残っている。フィリピン共和国憲法は領域内に核兵器を置かないことを明文化している。[注13] 製造や保有ではなく「置かない」との表現は他国（現実には米国）からの持ち込みを念頭に置いていると考えられる。核廃絶に積極的なのは日本だけではない。核兵器の保有禁止が憲法で明文化されている国はフィリピンのほかにも複数みられる。世界中の六地域（ラテンアメリカおよびカリブ地域の三二カ国（地域）、南太平洋の一三カ国・東南アジアの一〇カ国・アフリカ全域の五四カ国・中央アジアの五カ国・モンゴル）と南極において非核・核兵器禁止条約が成立している。[注14] また二〇一四年九月にはスコットランド独立住民投票（結果は否決）において、独立派は核放棄を重要争点にしていた。[注15] 鈴木達治郎（前出）は前述の六地域にならい「北東アジア非核兵器地帯」の構想を提案している。[注16]

一方で日本国憲法には「核兵器の保有禁止」と明記した規定はなく、現在ほど改憲が具体化していない時期からも核武装論者は「現憲法下でも自衛のための核保有は可能」と主張してきた。「世界で唯一の被爆国」という条件すら核武装論者に対しては制約にならず、被爆国だからこそ自衛のために核武装が必要だと主張する者さえみられる。[注17] しかし「自衛」の内容はきわめて曖昧であり、敵地攻撃も自衛であるとの説明もしばしばみられる。

一九五七年五月七日に岸信介（当時外務大臣）は参議院内閣委員会において「攻撃目的で破壊力の大きい核兵器は違憲と考えるが、自衛のための核兵器は現憲法下でも保有可能」との趣旨で答弁したほか各所で同様の見解を示している。[注18] この認識は第一章でも示した米国の核兵器に対する認識（核かどうかではなく威力の大小の区別）と共通する。一方で岸は日米安保条約の改定を有利に進めるため、米国が日本の要求を容れないならば日本は核武装すると仄めかしたとの見方もある。[注19] 佐藤栄作（当時内閣総理大臣、第一次佐藤内閣）は一九六七年十二月に「非核三原則」を提唱し、後年ノーベル平和賞受賞を受賞した一方で、[注20] 一九六五年一月に訪米してラスク国務長官（当時）と会見した際には「中国共産党が核兵器を持つなら、日本も持つべきだ（中国の初核実験は一九六四年十月）」とも発言している。[注21] ただし非核三原則は米国による「核の傘」が前提である。なお佐藤政権では、東京大空襲その他の都市空襲や原爆投下を立案・指揮したカーチス・ルメイに対し日本の航空自衛隊育成に貢献したとして叙勲を決定している。このとき授与された勲一等旭日大綬章は天皇の親授（手渡し）が通例とされるが、昭和天皇（当時）は親授せず、不快感を示唆したものと解釈されている。

外務省など内閣実務部門は一貫して核兵器保有の準備を続けており、前述の「わが国の外交政策大綱」で核兵器保有の可能性を示すとともに、もともとNPT参加に対しては将来の核武装を制約されるとして、「現時点では核武装しないことは日本国民の総意だが、核武装するかどうかの最終決定は将来の世代が決めるべきだ」「NPTに加入する結果、永久に国際的な二流国として格付けされるのは耐え難い」等の強い反対があり、[注22]一九七〇年二月のNPT署名に際して政府は「日米安全保障条約が廃棄されるなど、わが国の安全が危なくなった場合には脱退し得ることは当然」との声明を発表していた。[注23]

二〇〇二年五月十三日に、安倍晋三（当時・内閣官房副長官）は都内の大学での講演会で「日本は非核三原則がありますからやりませんけれども、戦術核を使うということは昭和三十五（一九六〇）年の岸総理答弁で、違憲ではない、という答弁がされています」と述べている。[注24]また福田康夫官房長官（当時）は同三十一日の記者会見で「非核三原則は憲法に近いものだ。しかし、今は憲法改正の話も出てくるような時代になったから、何か起こったら国際情勢や国民が核を持つべきだということになるかもしれない」と述べている。

非核三原則は国会決議ではあるが法律としての効力はない。核武装論者は憲法と関係なしに核武装を推進する意思を示している。

自・公政権と核武装

二〇一五年には違憲性が指摘されている平和安全法制整備法と国際平和支援法[注25]をわずかな審議時間で強行採決した経緯からも、現憲法下であっても核武装を実行する可能性は十分にある。いま論じられている「護憲」は現憲法ことに第九条を変えないと解釈されることが多いが、核武装に関しては第九条には防ぐ機能はない。「核兵器は威力が過大で攻撃的だから違憲」という説明だけでは「解釈非核」にすぎない。憲法に非核三原則を明記しないかぎり核抑止効果はない。安倍首相は米国の核態勢見直し（第一章参照）に関連して、二〇一八年二月十四日の衆院予算委員会の質疑において「前提が変わった」として非核三原則を守らない姿勢も示している。

日本は二〇一七年七月に国連で採択された「核兵器禁止条約」の交渉や採択に参加していない。その理由として政府は、同条約は核軍縮に対する日本の基本的立場に合致しないと説明している。[注26]しかし同条約では締約国に対して平和目的での核エネルギーの研究と生産、使用については影響を及ぼさないとしている。[注27]したがって日本が非核三原則を維持しつつ、賛否はともかく原子力を商用利用するには何ら制約にならないにもかかわらず同条約に参加しない理由は、米国からの核持ち込みを容認するとともに、将来みずから核兵器保有の選択肢を残すためと考えざるをえない。

一般に「自衛のための核」という言葉から「こちらからは攻撃しない」との印象を受けるが、いくらでも拡大解釈がありうる。第一には外国による武力攻撃の可能性が高まった場合に相手側の軍事目標に対して先制攻撃として核を用いるケースがある。第二には米国やロシアが行っているように「抑止力」としての戦略核兵器を保有するケースがある。いずれも「自衛のため」と説明することは可能であり、核の保有・使用は事実上無制限となる。第二次安倍内閣において二〇一四年四月には日本から武器輸出を容易にする「防衛装備移転三原則[注28]」が、同七月には「集団的自衛権容認[注29]」がいずれも国会審議を経ず閣議決定のみで決定されている。並行して有事関連法案（二〇一四年六月）や平和安全法制整備法・国際平和支援法（前述）に関しても国会での審議を無視する姿勢を強めている。こうした状況から類推すれば、核武装についても兵器の種類を選定するだけの技術的な問題とみなし、国会で議論することもなく閣議決定あるいはそれ以下の行政的裁量の範囲で決めてしまう事態もありうる。

さらに危険な可能性として「核を持たなければ一流国ではない」という発想は「実戦経験がなければ一流国ではない」という発想と一致する。およそ世界中の軍隊において実戦経験のない軍隊は信用されないが装備も同様である。二〇一五年以降の海外への装備売り込み（哨戒機・潜水艦など）は失敗が続いている。価格が高すぎるとの理由も挙げられているが、いかにカタログ上の性能が良くても実戦あるいはそれに相当する状況での使用実績（コンバット・プルーブン）がないため最終的に信頼されない点が最大の理由として指摘されている。人・物ともにいずれ「実戦経験の取得」がもとめられるようになるであろう。

なお福好昌治は日本が単独で北朝鮮を敵地攻撃する事態は考えにくいとしている。北朝鮮が日本（直接の目標は在日米軍）を対象として攻撃する可能性は、朝鮮半島で実際に戦闘が始まった場合に限られるが、その場合は米韓両軍がすでに北朝鮮と交戦している状況である。米韓両軍は昔から北朝鮮を明確に仮想敵国として陸海空にわたって演習を繰り返してきたが、そこへ日本がぶっつけ本番で加わっても米韓両軍の作戦を妨害するだけで意味がないとしている。[注30]

また尖閣・先島諸島に関しては、中国が資源確保や制海・制空権拡大のため関心を示していることは事実であるが、かりに中国側が尖閣・先島諸島を実力で占拠した場合に、陸上自衛隊の上陸部隊によりそれを奪還するなどのシナリオは荒唐無稽との指摘もある。[注31] 奪還作戦のためには陸海空一体の大規模作戦が必要となり、現在の自衛隊にはそのような体制はない。中国側が尖閣・先島諸島に侵攻上陸というシナリオは、むしろ日本側が陸上自衛隊の存在意義をアピールするための創作であるとしている。

日本の核武装の現実性

ところで日本独自の核開発は可能であろうか。まず前提条件として、日本が北朝鮮のように国際社会から孤立し人権抑圧国になることが必要であろう。「非核三原則」は「持たず・作らず・持ち込まず」であるが、「核武装三原則」は「(関心を)持たず・(議論を)作らず・(国会に)持ち込まず」という社会的条件を必要とする。実務的には三つのケースが考えられる。第一は自主開発、第二は他国からの導入(購入)、第三は「核シェアリング(核兵器の共有)」である。ただしいずれも他国からみれば「日本の核武装」と位置づけられることは同じである。第一と第二では、現物の保有だけでなく開発段階からＮＰＴ（核拡散防止条約・第三章参照）に抵触するので、あらかじめ脱退する必要がある。規約（第十条）では一方的な通知で脱退できるが、それは日本が北朝鮮・インド・パキスタンと同じ立場に移ることを意味する。またこれまで唯一の被爆国として核廃絶を訴えてきた根拠も失われるだろう。ＮＰＴに加盟しているかぎりは現物はもとより技術導入も禁止されるが、非加盟国であるインドに協力を求めるとの提案もある。[注32]

第三は、核保有国（実質的には米国）と日本の間での核シェアリングすなわち「置いてあるが所有していない（管理権は米国が保持）」の枠組みを構築する提案である。まず核シェアリングを導入し、核に対する国民の抵抗感を薄めてから自主保有に移るという提案もある。[注33]実際に二〇〇九年二月には外務省の秋葉剛男外務事務次官（当時）が米国に対して核シェアリングを提案していたことがわかった。[注34]かりに非核三原則を破棄するとしても、現物は置いてあるのに「管理権はないから所有していない」という説明が対外的に通用するとは思われない。核シェアリングができたとしても、それはリスクの除去にならないどころか東アジア地域のリスクを高める結果を招き、日本が依拠する経済活動にも重大な妨げになる。

前述の石原慎太郎の発言のように、シミュレーションの実施だけでも核保有能力を示せるとの主張もある。しかし「スーパーコンピュータ」とか「日本の技術は世界一」というレトリックでは技術開発は機能しないし、実際に爆発させて見せなければ対外的には保有していることにならない。一九九六年九月に、宇宙空間・大気圏内・水中・地下など地球上のあらゆる空間での核爆発を禁止する「包括的核実験禁止条約（ＣＴＢＴ）」が国連で採択された。米国は署名だけで批准していないが実際の核爆発行為の停止は守っている。その一方で、核物質を使用するものの核分裂（臨界）が発生しない条件に設定して行う「臨界前核実験」は、核爆発を伴わないのでCTBTに抵触しないとして一九九七年以降から続けられ、さらにオバマ政権になっても二〇一〇年から「Zマシン」と称する新型の実験装置が稼働を開始した。Zマシンは装置の外観写真ていどの情報は公開されているが詳細な実験の内容や設定条件は不明である。

一般的なシミュレーションの考え方から推定すれば、核爆発の模擬状態を作り出して核兵器を構成する各種の材料などの変化を観察し、そこから実際の核爆発に至るまでをコンピュータシミュレーションで補う方法である。シミュレーションと実際の核爆発から取得されたデータを照合して、それが正確に再現されていればシミュレーションのモデルが妥当と確認できる。このためシミュレーションが利用できるのは核兵器をすでに保有している国で、かつ多数の実績データ（核実験禁止条約前も合わせて）を蓄積している国である。

もし核爆発の実績がない国が新たな核開発のためにシミュレーションを実施しようとすれば、完璧な実績データを提供してもらうことが必要である。日本にとってその対象となる国は事実上米国しかないが、NPTには非保有国に対して「その取得について何ら援助、奨励又は勧誘を行わない」という条項があり、臨界前核実験のような核心的な部分のデータ提供はNPTに抵触する。しかも日本の情報管理体制は米国からみれば不安であろう。自民党政権の中でさえ二〇〇七年には鳩山邦夫法務大臣（当時）が「友人の友人がアルカイダ」と発言している。[注35] 二〇〇七年から二〇〇八年にかけては「特別防衛秘密」にあたるイージス艦の情報を海上自衛隊の幹部らが次々と無許可で電子的コピーを作成

し流出に至った事態が発覚している。[注36]

開発体制や財源の面ではどうであろうか。核兵器を新たに開発する場合の試算例として冷戦期の「ウ・タント報告」が知られている。[注37]ウ・タントは一九六二年から七一年まで国連事務総長を務め日本のマスコミにもしばしば名前が登場した。報告は当時（一九六〇年代）の価格で核弾頭および運搬手段を装備する費用を推算した資料である。小規模（北朝鮮・インド・パキスタンなみ）と中規模（フランス・中国・英国なみ）のケースを設定し、前者は一七億ドル、後者は五六億ドルと推定している。単純に現在の日本円に換算すれば二・五〜八・四兆円に相当し、現在の防衛費の五兆円前後と比べると桁ちがいに大きくはない。別の側面でみると、北朝鮮のように通常兵器（航空機や戦車）の更新さえ後回しで核開発に特化することによって現実に核弾頭と弾道ミサイルを保有しているのであるから、ウ・タント報告の推定は現実と整合性がある。北朝鮮は「金もないのに核開発」ではなく「金がないから核開発」を選択したのである。

運搬手段も弾道ミサイルが最も安上がりである。米国の地上配備の弾道ミサイルはロシア（旧ソ連）の攻撃に対して報復力を温存するために巨大な地下施設を建設して収納しているが、北朝鮮は無防備を承知で移動式発射台に乗せているだけなので施設の費用は最小限である。軍事的・技術的な面だけからみれば最も合理的な選択といえる。ただしウ・タント報告では、いったん核武装をするとさらに大規模・精緻な兵器を望むようになるので、結局は上記の費用で収まらないとの評価も述べられている。ひとたび核兵器を保有してしまったら、国内外を問わず政治・外交・軍事が核を背景としたシステムになってしまうため核廃絶は困難となる。米国・ロシア（旧ソ連）など核大国でも核の保有が政治的・財政的に大きな負担となっている。また英国の軍事予算は年間約六兆五〇〇〇億円[注38]で日本より一回り多い程度であるが、その範囲で四隻の核ミサイル搭載の原子力潜水艦を運用しており、耐用年数の到来とともに二〇一六年から更新を始めた。フランスも同じく四隻を運用しており、計画隻数の削減などの経緯はあったが左派政権下（ミッテラン政権・オランド政権）でも保有は続けられた。日本も核を保有したら同じ道に踏み込むだろう。日本における公共事業のあり方を考えれば容易に類推できるように、ひとたび始めたら本来の目的や意義が失われても事業の継続自体が目標になってしまう。

武田康裕（防衛大学校教授）は日本の自主核武装の費用について次のように試算している。[注39]日本列島の形状を考慮すると、核弾頭の運搬手段として地上発射の弾道ミサイルや長距離爆撃機（飛行場を必要とする）は攻撃に対して脆弱であり、有効な手段は原子力潜水艦に搭載した弾道ミサイル（SLBM・第八章参照）しか考えられない。日本と似た条件にある英国はこの方式を採用している。前述のように英国は核ミサイル搭載の四隻の原子力潜水艦をローテーションで運用し一隻が常時発射体制を維持している。一隻あたり一六基のSLBM（潜水艦発射型弾道ミサイル）を搭載している。ミサイル本体は米国からの導入であるが、その一基に対して自国開発の核弾頭を三発（合計四八発）搭載している。このシステムの構築に総額約三兆円を要し、年間の運用費用は約三〇〇〇億円と推定している。日本の防衛予算の現状に対してそれを大きく増額することなく、他の装備と代えてやり繰りする程度でも負担できる額である。

ただし武田は、自主核武装の実行にはNPTからの脱退と、それに伴い原子力発電や核燃料サイクルが維持できなくなること、米国との関係の激変（敵対国とみなされる可能性）、国際社会からの反発と経済制裁など派生的に多大なマイナス面が発生することを考慮すると、安上がりな方策とはいえないと評価している。また前述の防衛研修所の報告では、英国・フランスなみの核武装を想定した費用は二兆三五〇〇億円であり、十年で均等割りすればＧＮＰ一％枠を超えない範囲で実現可能としている。[注40]

核の「平和」利用と軍事利用

原子力発電と核武装の関連、すなわち商用原子炉（軽水炉）の使用済み燃料から分離したプルトニウムで核兵器が作れるかどうかは長く続いている議論である。実用的な核兵器の原料となるプルトニウムは天然にはごく微量しか存在せず、兵器に使用するほどの量を調達するには原子炉を運転する必要がある。その際にはプルトニウム二三九・プルトニウム二四〇・その他の同位体[注41]が混ざった核生成物が生成され、いずれかを単独に生成させることはできない。核分裂に使用されるのはプルトニウム二三九であるが、二四〇その他の生成物は核兵器の原料としてみれば「不純物」になり、その比率が低い（純度が高い）ほど核兵器に適する。一般に七％以下が兵器に適しており「兵器級」と呼ばれる。これを効率的に製造するには専用の炉（黒鉛炉）を使用する必要がある。一方で通常の商用発電に広く用いられている軽水炉から取り出される使用済み燃料から分離されるプルトニウムでは二四〇の比率が一八〜三〇％に増えており「原子炉級」と呼ばれる。

原子力発電と核武装の関連については相反する三つの論調がみられる。第一は、軽水炉から取り出されるプルトニウム（原子炉級）は前述のように不純物の比率が高く核兵器に転用できないとの主張である。この説明は従来の原子力発電と核燃料サイクルの存続を望む関係者によりなされている。第二はそれとは逆に、軽水炉から取り出されるプルトニウムでも核兵器の製造は可能であり、商用利用を隠れみのにして核武装能力を保持しようとしているとの指摘である。第三は、公然と核武装能力の保持を主張する立場からの見解で、潜在的核武装能力を維持するために核燃料サイクルが必要であるとする議論である。たとえば自民党の石破茂元幹事長は、日本の周辺国がみな核保有国である以上は日本も核兵器の製造能力を保持するために原子力技術を維持すべきだと述べている。[注42]

滑稽なことに、第一と第三の論者は原子力発電と核燃料サイクルの維持を同じく主張しながら、片方は核武装と無関係と述べ、もう一方は核武装能力の前提として正反対の見解を示して矛盾を呈している。いずれかが虚偽であることは明らかであろう。原子力推進のための広報活動を行っている高度情報科学技術研究機構が提供する解説では、原子炉級プルトニウムでも爆縮技術（核弾頭で臨界を発生させる技術）の高度化により核弾頭への利用が可能であるとする米国の見解を紹介している。[注43]また米国原子力規制委員会の元委員ほか専門家は最近の論稿で実用的な核兵器の製造は可能と述べている。[注44]

二〇一八年一月十七日に「日米原子力協定」[注45]の自動延長が決定した。「日米原子力協定」とは、核保有の五大国以外では例外的に、日本だけに濃縮ウランの提供や核燃料サイクルの稼働（プルトニウムの分離）を認める協定である。NPT（第二章参照）では、核兵器非保有国に対して、兵器本体だけでなく開発・製造につながる資材・技術・設備の供与が禁じられている。これに従えば、日本が米国から濃縮ウランの提供を受けたり核燃料サイクルを稼働することは核武装の一環であり許されないが、さまざまな政治的過程を経て、日本のみを特例として米国の管理下において濃縮ウランの提供や核燃料サイクルの稼働が容認されている（協定は一九五五年調印、一九八八年改訂）。日本の原子力発電の体系はこの協定を前提として構築されており、自動延長されたが日米いずれかの通告で六カ月後に終了する規約となっている。日本側からは、現政権が従来の原子力発電の体系を継続しようとしているかぎり協定を終了する動機はないが、米国側では日本がプルトニウムを蓄積することに対する警戒論があり、米国側からの通告で一方的に破棄される可能性もある。

兵器級のプルトニウム（現に核兵器に装荷されている分を除く）を大量に保有しているのはロシア（九四トン）と米国（三八トン）であり、その他の核保有国は数トン程度を保有している。[注46] すでに兵器級プルトニウムを大量に保有している米国・ロシア等では、原子炉級プルトニウムの核兵器への転用は、正確には「できない」ではなく「必要がない」から行っていない。一方で日本は原子炉級プルトニウムを大量に保有しているものの、これらを直ちに転用して多数の核兵器を製造する可能性は乏しい。したがって原子炉級プルトニウムの保有量を核兵器一発分の所要量（「国際原子力機関」は八kgとしている）で除して「日本の核兵器の潜在保有数は数千発分」との計算はあまり意味がない。しかし前述のように原子炉級プルトニウムでも核爆発が可能である以上は、「兵器級プルトニウムを保有していないから核武装とは関連がない」とは言えない。

北朝鮮ではたかだか一〜二基の黒鉛炉（兵器級プルトニウム専用）と軽水炉（操業実態は不明ながら運転方法によっては兵器級プルトニウムが製造可能）でこれまで六回の核爆発を実施している。日本がかりに核保有を目指すとしても米国・ロシアのように数千発も保有することは考えられないが、英国・フランス・中国なみの二〇〇～三〇〇発とすればその程度の兵器級プルトニウムを製造可能な核施設が日本国内に現存する。加えて現在は多くの商用原発が停止しているから、採算を度外視（軍事用であるから）すれば商用炉を兵器級プルトニウムの製造用として短期間で燃料を取り出す方式で運転することも理論的には可能（ただしこの行為は「核兵器準備行為」として査察の対象）である。また日本の核武装論者のように「一発でも持っていれば外交力の背景になる」という発想に基づくなら、弾道ミサイルや爆撃機等に搭載できなくともインドの地下核実験（一九七四年）のように示威行為として核爆発を起こす目的にかぎれば、原子炉級プルトニウムでも十分に使用可能と考えられる。

なお福島原発事故以後の新規制基準の下で再稼働を行った多くの原子力発電所が、周辺装置のトラブルにより短期間で停止（二〇一八年六月までに再稼働した八基中の五基）を繰り返している。「うがった見方」をすれば、これは「故意の短期間運転ではない」との説明により査察を逃れて兵器用プルトニウムを製造する核兵器準備行為の可能性も否定できない。

注

注1　『朝日新聞』一九七一年七月十九日掲載、『週刊朝日』二〇一四年四月二十五日号に再掲
注2　二〇一二年十一月二十日、外国特派員協会での講演
注3　田井中雅人『核に縛られる日本』角川新書、二〇一七年、二一一頁
注4　橋下徹「国連を動かすのは核保有の脅しだ　既得権を打ち壊すにはこれしかない」『プレジデントオンライン』二〇一七年十二月二十日　http://president.jp/articles/-/24042
注5　鈴木達治郎『核兵器と原発』講談社現代新書、二〇一七年、一六七頁

注6　石破茂（インタビュー）『SAPIO』二〇一一年十月五日号、八五頁。田母神俊雄「決断すれば日本の核保有までの時間は一年間」『週刊ポスト』二〇一七年九月二十二日
注7　安全保障調査会『日本の安全保障一九六八年版』「わが国の核兵器生産潜在能力」朝雲新聞社
注8　前出・杉田弘毅、二一二～二一八頁、二二一頁
注9　有馬哲夫『原発と原爆　日・米・英核武装の暗闘』文藝春秋、二〇一二年、一一六頁
注10　中曽根康弘『自省録――歴史法廷の被告として』新潮社、二〇〇四年、二二四頁
注11　外務省・外交政策企画委員会「わが国の外交政策大綱」一九六七年九月、六七頁
注12　前出、田井中雅人、二〇三頁
注13　フィリピン共和国憲法の解説　http://www.inaco.co.jp/isaac/shiryo/philippines.htm
注14　ピースデポ編著『YEARBOOK二〇一五～一七　核軍縮・平和』緑風出版、二〇一七年、七六頁
注15　前出『YEARBOOK二〇一五～一七　核軍縮・平和』一〇一頁
注16　鈴木達治郎『核兵器と原発』講談社現代新書、二〇一七年、一七五頁
注17　田母神俊雄『日本核武装計画　真の平和と自立のために』祥伝社、二〇一三年、九八頁
注18　一九五七年五月七日・第二六回国会参議院内閣委員会議事録第二八号
注19　前出・有馬哲夫、九七頁
注20　ノーベル平和賞委員会が二〇〇一年に刊行した記念誌『ノーベル賞　平和への百年』の中で、佐藤は実際には核武装を支持しており、佐藤を選んだことはノーベル賞委員会が犯した最大の誤りとの見解が示されている。二〇〇一年九月五日共同通信配信。
注21　前出『毎日新聞』二〇〇八年十二月二十二日
注22　「NHKスペシャル」取材班『〝核〟を求めた日本　被爆国日本の知られざる真実』二〇一二年、三〇頁。関連の内容は二〇一〇年十月三日のNHKスペシャル「〝核〟を求めた日本」で放映され注目された。
注23　前出・「NHKスペシャル」取材班、七一頁。

注24 「安倍『有事法制』発言詳報」『サンデー毎日』二〇〇二年六月九日号、五四頁

注25 正式には「平和安全法制整備法」は「我が国及び国際社会の平和及び安全の確保に資するための自衛隊法等の一部を改正する法律（平成二十七年法律第七六号）」、国際平和支援法「国際平和共同対処事態に際して我が国が実施する諸外国の軍隊等に対する協力支援活動等に関する法律（平成二十七年法律第七七号）」である。

注26 「核兵器禁止条約にかかる決議案に日本政府が反対した理由に関する質問主意書」（平成二十八年十月三十一日提出・質問第九四号）に対する政府答弁　http://www.shugiin.go.jp/internet/itdb_shitsumon.nsf/html/shitsumon/b192094.htm

注27 「核兵器禁止条約」前文より

注28 外務省ウェブサイト「防衛装備移転三原則」報道発表　http://www.mofa.go.jp/mofaj/press/release/press4_000805.html

注29 「国の存立を全うし、国民を守るための切れ目のない安全保障法制の整備について」https://www.cas.go.jp/jp/gaiyou/jimu/anzenhoshouhousei.html

注30 福好昌治「二〇一八年、日本の敵は北朝鮮か中国か?」『軍事研究』二〇一八年三月号、二〇四頁

注31 前出・福好昌治、二〇六頁

注32 前出・田母神俊雄、一九九頁

注33 前出・田母神俊雄、一八五頁

注34 「参議院外交防衛委員会」二〇一八年三月二十日、井上哲士議員質問

注35 二〇〇七年十月二十九日に日本外国特派員協会の講演において、二〇〇二年のバリ島爆弾テロ事件を知人から予め知らされていたかのように発言した。

注36 防衛省「海上自衛隊における特別防衛秘密流出事件について」　http://www.mod.go.jp/j/press/news/2007/12/daijin13.html

注37 前出『日本の安全保障一九六八年版』三四二頁

注38　米国務省「世界の軍事支出と武器移転」二〇一六年版　https://www.state.gov/t/avc/rls/rpt/wmeat/
注39　武田康裕・武藤功『コストを試算！日米同盟解体』二〇一二年、毎日新聞出版
注40　前出・杉田弘毅、二一五頁
注41　同位体とは、同じ原子番号（原子名称）を持つが中性子数が異なるため質量が異なる核種をいう。化学的な性質が同じなので化学的な方法で分離することができない。最近注目される例では、福島第一原発の排水中に存在するトリチウム（水素の同位体）の化学的性質が水と同じであり廃水処理装置では分離できないので海洋放出が検討されている例など。
注42　『読売新聞』二〇一七年十一月六日
注43　「核兵器用のプルトニウムと高濃縮ウランの原子炉への転用」
http://www.rist.or.jp/atomica/data/dat_detail.php?Title_Key=07-02-01-08
注44　Victor Gilinky, Bruce Goodwin, Henry Sokoles "Commercial plutonium a bomb material Reprocessed nuclear fuel can be used to make effective and powerful nuclear weapons"
https://www.japantimes.co.jp/opinion/2017/05/31/commentary/world-commentary/commercial-plutonium-bomb-material
注45　正式名称「原子力の平和的利用に関する協力のための日本国政府とアメリカ合衆国政府との間の協定」（一九八八年七月発効、二〇一八年に自動延長）
注46　長崎大学核兵器廃絶研究センター核分裂性物質データ追跡チーム
http://www.recna.nagasaki-u.ac.jp/recna/nuclear/fms/pu_201706

第五章　大量破壊兵器の被害

核爆発の過程と被害

一九四五年の最初の核爆発以降、現在までに爆発を伴う核実験が約二四〇〇回実施され、広島と長崎では実在の都市に対してまで核兵器の投下が行われた結果、NBC（核・生物・化学）兵器の中では核兵器がもたらす被害が最もよく研究されている。核爆発が発生した場合の被害は図5―1に示すような時間経過で発生する。起爆から一分以内の短時間に、初期放射線（中性子線・ガンマ線）の放射、熱線と閃光の放射、電磁パルスの発生、衝撃波・爆風の発生、初期放射線による放射性物質の生成が起きる。なお放射線としてアルファ線・ベータ線も発生するが、これらの到達距離は短いので空中爆発ではほとんど問題にならない。

放射線・閃光・熱線・電磁パルスは光速度あるいはそれに準じる速度で伝播するので、閃光を感じてからいかに素早く行動しても避けようがない。一方で衝撃波や爆風は空気を介して伝播するので、爆心直近を別とすれば距離に応じて起爆から数秒～一〇秒ていどの時間差がある。「閃光を感じたら地面に伏せて頭部を保護せよ」という呼びかけはそのためである。ただし衝撃波の伝播速度は音速前後であるので「爆発音」を聞いてからでは間に合わない。また核弾頭が原子爆弾（核分裂兵器）か水素爆弾（核融合兵器）かによって放射線の影響が異なるが、水素爆弾はその起爆に原子爆弾を使用するため、その原子爆弾に起因する放射性生成物が発生する。水素爆弾の構造は機密であるが落花生の殻と豆のようなイメージで、一方の豆に原子爆弾部分、もう一方の豆に水素爆弾部分があると考えられて

図5―1　核爆発による各種の被害

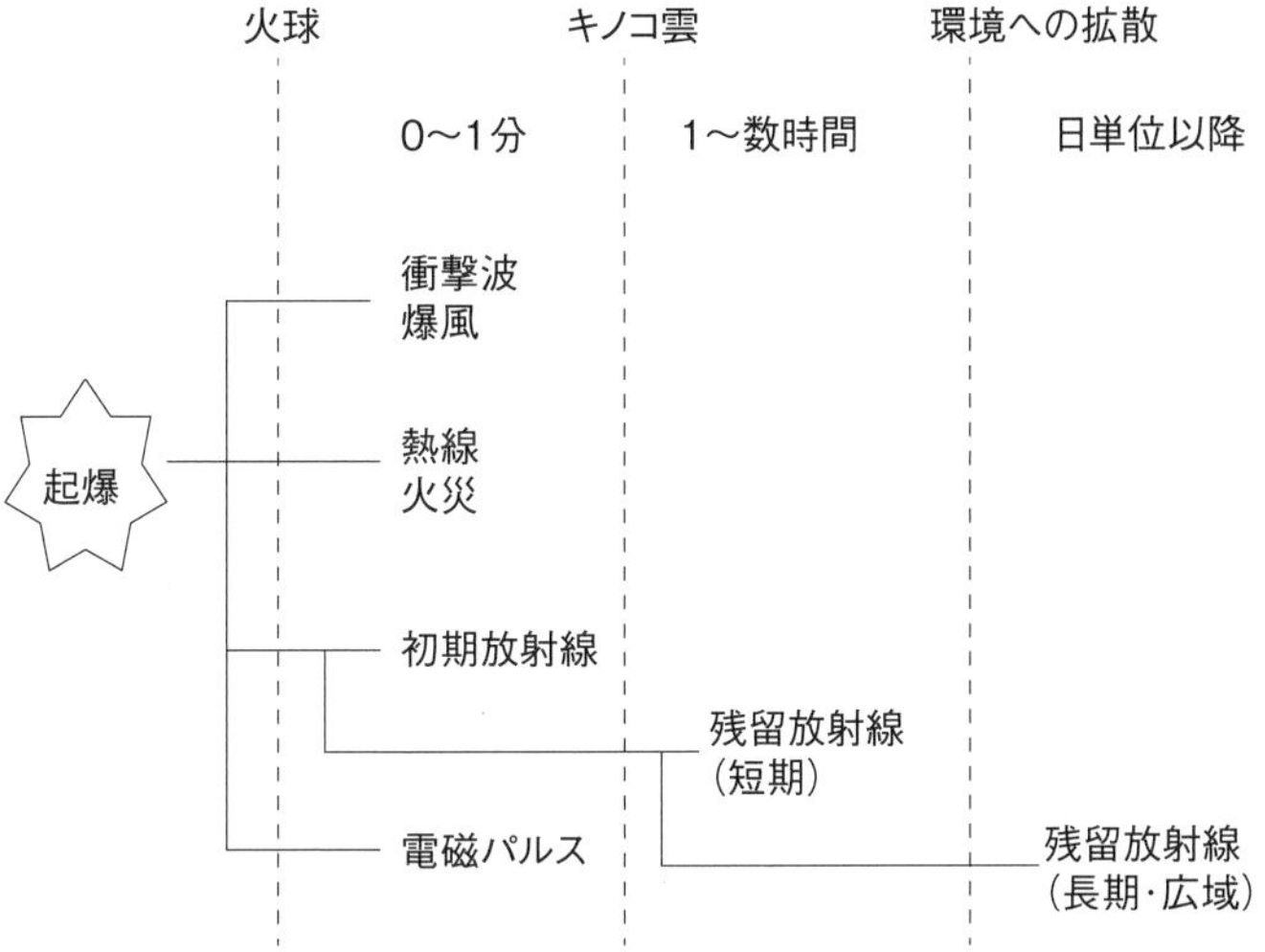

いる。[注1] 各々の現象がどのくらいの強さで発生するかは、核弾頭の威力・形式などによって異なり、理論的な計算や広島・長崎の被害実態、核実験の結果を総合して推定されている。全体的な被害の概要を図5―1に示す。

一般に「着弾」という用語が用いられることがあるが、核弾頭は必ずしも地上への落下で起爆するのではなく目的によって起爆高度が選定される。[注2] 高々度起爆（高度数十km以上）・空中起爆（地上数百～数千m）・地上起爆（地面に落下あるいは地中に貫通して起爆）・水上起爆などがある。相手側の地下ミサイル発射施設のような堅固な防御を施された軍事施設を目標とする場合には、低高度か地上、さらに地下に貫通して起爆する方法が選定される。

一般に都市を目標とする場合には空中で起爆する。これは地上における被害範囲を「最大化」できるからである。広島・長崎の原子爆弾は弾道ミサイルではなく航空機からの投下であるが、同様の理由によって空中で起爆されている。空中爆発は、広島・長崎いらい戦略核兵器の主要な使用方法であり、衝撃波による破壊効果を最大化するために、弾頭の威力が大きいほど起爆高度が高くなるように設定される。広島（一六キロトン）では六〇〇m、幸いにも実戦で使用されたことはないが一メガトンでは計算上は二四〇〇mなどである。爆心に近い場所では、屋外はもとより屋内にいても、放射線・熱線・衝撃波は各々単独でも人間に対して致死レベルである上に、それらが同時に重複して作用するため、退避どころかおそらく何の対処もできないであろう。

さらに初期の放射線・衝撃波・熱線による急性死から逃れたとしても残留放射線による被ばくは避けられない。爆発時の直接放射線より数値は低いものの条件によっては致死レベルに達し、少なくとも急性影響が発生するレベルとなる。長期の残留放射線は飲食物への放射性物質の移行であり、これらは内部被ばくの原因となる。さらに核爆発による放射線に起因する後障害も予想されるが、内容は多岐にわたるので関連書[注3]を参照願いたい。

起爆した瞬間の強い中性子線の照射を受けた地上の土砂やコンクリート中の各種の元素が放射性核種に変換される。同時に地上から巻き上げられた塵に放射性物質が付着して空中に浮遊したりキノコ雲に伴って上昇した粒子状の物質が次第に地上に降下してくる。これらは「フォールアウト」と呼ばれる。フォールアウトに伴う残留放射線は日常生活での被ばく（自然放射線や医療放射線）とは桁ちがいの被ばくをもたらし致死レベルに達する場合もある。広島・長崎で、被災後の捜索や救助に入った人々に「入市被《にゅうし》ばく[注4]」をもたらした原因はこれらの残留放射線である。

起爆から一〇秒前後で、熱線の輻射を受けた木材などの可燃物から火災が発生する。木造家屋が多かった当時の広島・長崎では当然ながら大規模な火災が発生した。これに対して現在はコンクリート製の建築物が増えて耐火性が向上している一方で、当時は数が少なかった自動車（車両内にガソリンを保有している）をはじめとして都市内の可燃物はむしろ増えており、当時よりも火災が発生しやすい条件も存在する。また関東大震災[注5]・東京大空襲[注6]でも経験されたように、大規模な火災に伴う旋風が発生する場合があるが、詳細なメカニズムは検討中とされる[注7]。

核爆発は必ず何らかの電磁波の放出を伴うが、最初の原爆から一〇年後ころに電磁波による被害（それを利用した攻撃）が検討されるようになった。この電磁波は通常の無線通信や放送の電波よりも桁ちがいに強く、地上のアンテナ、電線その他の伝導体に吸収されることによって強い電流や高電圧を発生させるため、それらに接続あるいは隣接して置かれている電気・電子機器を損傷したり誤動作を発生させ、発電・送電設備、通信、放送、レーダー、信号機、コンピュータなどに影響を及ぼす。ただし自国側の防衛システムも機能を阻害されるので実際の利用は難しいとされている。

衝撃波あるいは爆風、熱線、初期放射線による総合的な人的被害を推定するには、爆心からの距離別に住民や在勤者のうち何％の人が屋外に出ているか、屋内にいる場合でも木造・非木造の比率が何％かなど、いくつかの条件を仮定する必要がある。屋内でも窓の近くかどうかなど多岐にわたる条件によって結果は異なり、それらの条件を予め仮定することは困難なので、ここでは国民保護計画に関連して広島市で作成された「核兵器攻撃被害想定専門部会報告書」[注8]その他の資料を参照して爆心からの距離と総合的な死亡率（逆の見かたをすれば生存率）や負傷率を推定した例を示す[注9]。この推定は実際の広島での原爆被害をもとに、建築物の状況の変化等を考慮した上で、北朝鮮の二〇一七年九月三日の核実験で推定されている一六〇キロトンの空中起爆として補正した試算である。図5―2はそのうち死亡率について爆心からの距離と遮へいの状況別に示したものである。爆心から一・五km以内では、「屋外で遮へいあり（たまたまビルの蔭にいる等の条件）」を除くと死亡率が九〇～一〇〇％に達し、生存者はほとんどいない。それ以遠では距離に応じて死亡率が低下するが、「屋外で遮へいなし」の場合には五kmでも死亡率が八五％に達する。

生物・化学兵器の概要

核兵器と生物（B）・化学（C）兵器を比較すると、核爆発の放射線・熱線・電磁波は、途中に遮へい物がない条件であれば瞬時かつ直接的に到達するのに対して、BC兵器は空気を媒介とした拡散過程を伴う点で性質のちがいがある。ただし核兵器のフォールアウト（上空に舞い上がった放射性物質が降下してくる）は化学物質と同様の動きを示す。生物・化学兵器は、原始的な手段（汚物を井戸に投入する、煙でいぶすなど）では紀元前から使用されてきたことが知られているが、近代では化学工業の先進国であったドイツで、農薬や消毒・殺虫剤の研究と並行して次々と有毒化学物質が開発され、一九一七年七月に第一次世界大戦でドイツ軍が毒ガスを本格的に使用したのを発端に各国で使用されるようになった。知られている例としては、イギリスが植民地紛争で抵抗勢力に対して使用した例、イタリアが第二次エチオピア戦争でやはりエチオピアやリビアの住民に対して使用した例などがある。べ

図5—2　爆心からの距離と死亡率の関係（160キロトンの場合）

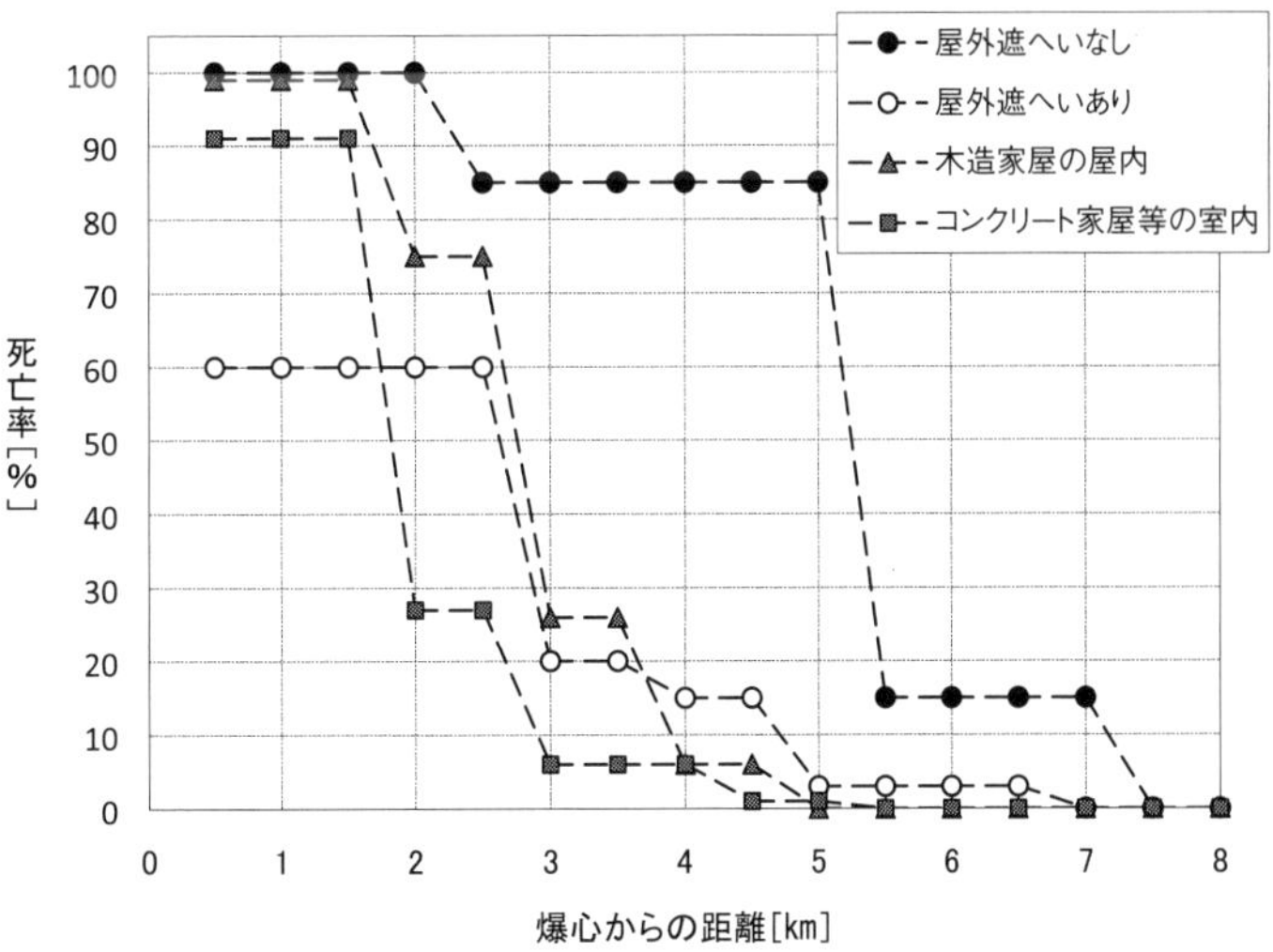

トナム戦争で使用された枯葉剤は広義の化学兵器とされることもある。核兵器と合わせて大量破壊兵器（WMD・Weapons of mass destruction）に分類されるが戦略面では大きく異なる性質がある。核兵器は相手側の社会インフラを物理的に破壊する機能があるが、生物・化学兵器にはその機能はない。

BC兵器は国家対国家の直接的な戦争において、あるいは大国が弱小国に、政府が抵抗勢力に対して使用する形態の兵器と過去には認識されていた。日本に関しては、太平洋戦争において連合国側による本土空襲の可能性が高まった際に「毒ガス攻撃」の懸念が生じ、内務省防空局・大日本防空協会などが防毒マスクの普及に努めた経緯もある。ただし実際には毒ガス攻撃はなく国内での空襲による被害のほとんどは焼夷弾と原子爆弾によりもたらされた。

ところが近年になり意外にも戦争とは異なる

状況において使用される事態が出現した。化学物質で実害を生じた例ではオウム教による松本サリン事件[注10]（一九九四年六月）と東京地下鉄サリン事件[注11]（一九九五年三月）、生物剤で実害を生じた例では米国炭疽菌事件[注12]（二〇〇一年九～十月）などが発生した。

このほか生物化学兵器の製造・保有国では自国内での事故も起こしており一部は公開されているが[注13]その他にも存在する可能性がある。各国の正規軍による製造・保有・使用だけでなく、国に属さない武装勢力や個人、すなわち条約や規制の効力が全く期待できない実行者による製造・保有・使用の可能性もあり「貧者の核兵器」と呼ばれることもある。なお日本国内では二〇一六年秋以降に、気球状の物体とそれに吊り下げられた液体容器などが東北地方で複数発見されているが、液体には生物的・科学的な有害性は検出されておらず実態は不明である。[注14]二〇一七年二月の金正男《キムジョンナム》暗殺事件、二〇一八年三月のロシア元情報機関員暗殺未遂事件など国家が関与した個別的なテロ事件が報じられている。

オウム真理教サリン事件や米国炭疽菌事件を契機にBC兵器に関する関心が高まり、多くの参考書籍が刊行されている。しかし化学物質あるいは病原体・毒素について、個別の物質についての有害性や人体に対する影響・防護方法などの情報はあっても、いずれも実験室レベルの内容であり、具体的な都市に対して兵器として使用された場合にどのような影響が生じるか、特に数量的な影響に関する予測やシミュレーションは乏しい。

本当に生物兵器による攻撃を予想しているならば、数量的な検討すなわち解毒剤やワクチンをどのくらい用意したらよいのか、どのような人員・設備を備えた救護施設をどこにどのくらい配置すればよいのか等の数量的な検討がなければ具体的な対策が講じられないはずである。しかし前述の「都道府県国民保護モデル計画」「市町村国民保護モデル計画」でも、生物兵器・化学兵器に関しては概念的な説明の列挙があるだけで、具体的な対応は明確でない。

このほか広い意味で化学兵器に分類される手段として、ゲリラや武装勢力と一般公衆が混在した状況が生じた場合、一般公衆の死傷を最小限（できればゼロ）に抑えてゲリラ・武装勢力だけを制圧するために、全体を非致死性の化学剤で行動能力を奪ってからゲリラや武装勢力だけを識別する方式がある。これに相当する事例として二〇〇二年十月のモスクワ劇場占領事件で、ロシア側がチェチェン武装勢力を制圧するために化学物質を使用した事例があるが、制圧には成功したものの人質八五〇人のうち一二九人が死亡する結果を招いた。

北朝鮮との関連ではいくつかの推定がある。化学剤の製造・保有は確実とみられ二五〇〇〜五〇〇〇トン程度を備蓄しているとの推定がある。生物剤については開発している形跡はみられるが、化学剤ほど重視されていないようである。主な使用の可能性としては朝鮮半島で全面的な軍事衝突が発生した場合に、韓国軍・米軍に対して使用されるほか、米軍の行動を制約するために在日の米軍基地・施設に対して用いられる可能性がある。ただしいずれも前触れもなく都市に対する戦略的な攻撃として使用される可能性は乏しい。

なお前述の「貧者の核兵器」とも関連するが「Q―五〇」という指標がある。都市攻撃を想定して一㎢あたり五〇％の死者を生ずるのに必要なコストの試算例がある。[注15] それによるとQ―五〇のコストは、通常兵器が二〇〇〇ドルに対して、核兵器が八〇〇ドル、化学兵器が六〇〇ドル、生物兵器はわずか一ドルであるという。やや古いデータであるが相対的な傾向は現在でも同じであろう。人道的な観点を除けば戦略目的ではＮＢＣ兵器のほうが「コスパが良い」ことになる。しかし現実の戦争・紛争のほぼすべては通常兵器によって行われている理由は、ＮＢＣ兵器は使いにくく効果が不確実であることによると思われる。

生物兵器とその被害

参考文献はいくつかあるが基本的な資料の例としては清水勝嘉（元防衛庁技術研究本部）の著書[注16]などがある。清水は日本の生物兵器に関する研究は諸外国に比べて遅れているとしている。その理由は旧日本軍の「七三一部隊」の活動などから研究自体に対して負のイメージがつきまとい、防衛庁（省）の中でも研究は消極的であったという。防衛省の所属機関による研究は、生物兵器対策の目的であれば必ずしも否定されるべきではないが、その場合には情報公開が必須となる。

一九四〇〜四二年にかけて日本軍の「七三一部隊」が関与して中国浙江省・湖南省においてペスト菌を付着させたノミを航空機から撒布したり井戸にコレラ菌を投入する等の方法によって細菌戦を実行し、多数の被害者を生じた事例がある。これは戦闘ではなく住民（非戦闘員）に対する使用である。後に被害者が国に対して「七三一部隊細菌戦国家賠償請求訴訟[注17]」を起こし、最高裁まで争われて賠償請求は認められなかったが、散布等の行為については実際に行われた事実関係が確認された。

しかし細菌戦を実行すれば、その後に該当地域で活動する自国側の将兵や関係者にも重大な被害が発生する可能性が高く、ことにペストに関しては有効なワクチンも存在しない以上、戦略的にどのような構想があって実行されたのか疑問である。もともと日本軍が自国の将兵や関係者に対してさえ生命・健康の保護に対する配慮が乏しかった背景も考えられる。本書は七三一部隊関係についてはこれ以上触れないので前出の資料等を参照していただきたい。第二次大戦以後には生物兵器の使用に関して客観的証拠のある事例は今のところ伝えられていない。このほかオウム真理教は炭疽菌散布を試みたが成功していない[注18]。

直接人体に作用するだけでなく、農作物や家畜に被害を与えて相手側の食糧供給を阻害する手段も広義の生物兵器にあたる。なお生物兵器の影響としては、実際に散布していなくても、または病原体として直接の効果を発揮しなくても、散布された可能性があるとの情報だけで相手側はその対策に多大な労力を割くことになり、社会・経済活動を妨げて大きな損害を与える可能性がある。兵器として使用しうる生物等およびそれらから分離される毒素等は多数知られており、各国の軍事的事業として本格的に培養された例も知られているが、実用的な兵器として使用された例は少なくとも戦後では知られていない。米国炭疽菌事件では、同時多発テロ直後という背景もありイラクあるいはアルカーイダの関与説も提示されたが、真相は現在も不明である。

生物兵器に関する資料は多いが個別の事項の解説にとどまり、具体的な対策に有用な資料は乏しい。シミュレーションのような資料があってもSF小説的な内容にとどまる資料が多い。あるていどマニュアル的に示した資料としては、外国文献の翻訳であるが小川和久による著書がある[注19]。実際にどの生物兵器がどのように使用され、どれだけ被害が生じるかは不確定要素が多い。

核兵器や化学兵器のような物理的・化学的な過程だけでなく感染・潜伏期間など生物的過程が加わ

るため、対策の検討のためにケーススタディを実施するにも現実的な条件を設定することがむずかしい。

化学兵器とその被害

化学兵器の使用事例はたびたび報告されている。イラン・イラク戦争に関連して一九八八年三月にイラクで化学兵器が使われ多数の一般公衆が被災した事例があるが、双方で相手方が使用したと非難するなど事実関係については確認されていない。またシリア政府軍（アサド政権）が二〇一三年八月以降に反政府勢力に対して使用したとされる事件、トルコ軍が二〇一八年二月にクルド人武装勢力に対して塩素ガスを使用したとされる事件など、現在も使用が疑われる事例が続いているが詳細な事実関係は不明である。いずれにしても戦略核兵器のように相手側の経済・社会機能を壊滅させる目的での使用は考えにくいし事例もない。

人間の生命・健康に危険を及ぼす化学物質は無数にあるが、兵器として使用するにはいくつかの条件があり、兵器として使用される可能性がある物質の概要を表5―1に示す。化学物質の毒性をあらわす指標はいくつかあるが、人間がどのような経路（皮膚から吸収か、呼吸で吸入かなど）で、どのくらいの時間を化学物質に曝露したかにより影響は大きく異なる。地下鉄サリン事件（前述）で使用されたサリンは、有機溶剤（アセトニトリル）に溶解させた状態でビニール袋に封入し、現場でそれに穴を開けて徐々に放散させる方法で散布された。地下鉄サリン事件の際に感知された刺激臭はサリン自

表５―１　使用の可能性がある化学物質

有毒化学剤	神経剤（神経伝達を阻害し筋肉痙攣や呼吸障害を引き起こす） ※Ｇ剤とは第２次大戦期にドイツの研究で開発、Ｖ剤は戦後に英米の研究で開発	Ｇ剤	タブン、サリン、ソマン、エチルサリン、シクロサリン
		Ｖ剤	ＶＸ、ＶＥ、ＶＭ、ＶＧ、アミトン
	びらん剤（皮膚や呼吸器系統に深刻な炎症を引き起こす）		硫黄マスタード、窒素マスタード、セスキマスタード、Ｏ－マスタード、ルイサイト、ホスゲンオキシム、フェニルジクロロアルシン、エチルジクロロアルシン、メチルジクロロアルシン
	窒息剤（呼吸系統の機能を阻害し窒息させる）		ホスゲン、ジホスゲン、塩素、クロルピクリン、ＰＦＩＢ
	シアン化物血液剤（血液中の酸素摂取を阻害し身体機能を喪失させる）		シアン化水素、塩化シアン、アルシン

体ではなくアセトニトリルと思われる。

一連のオウム真理教の犯罪に際して、いわゆる洗脳された信者ならば自殺攻撃も厭わないのではないかと考えられるのだが、実行犯が被毒せず退避できる工夫がなされていた。微量でも致死性の高いサリンの単体を簡易な容器で持ち歩けば、漏洩が発生して実行者自身が被毒により動けなくなるので目的が達成できない。また専門知識のない実行犯がビニール袋を落として傘の先で突いて穴を開ける簡単な動作で散布できるとともに、自殺前提ではなく徐々に放散する間に実行犯の退避が可能という巧妙な方法の考案は相当な専門知識を有する者が携わったことがうかがわれる。現場では状況不明のまま警察官・駅員・消防隊員が無防備で活動したため靴や被害者の衣服に付着した液体から二次被害が拡大した。[注20]

このほか有毒な化学物質は工業製品として大量に製造・保管されているため、これらの製造所・保管所を破壊して有毒な化学物質を流出させることも広義には

表５―２　サリンとＶＸの半数致死曝露量

		サリン	ＶＸ
性状		無色無臭の液	無色無臭の液
効果		即効性	即効性
吸入の場合の半数致死曝露量	mg・分／㎥	35	15
経皮の場合の半数致死曝露量	mg・分／㎥	12,000	150
液体に直接接触の場合の半数致死量	mg	1,700	5

化学物質の軍事利用といえるが具体的な検討はみられない。表５―１の有毒化学剤のうち、びらん剤・窒息剤・シアン化物血液剤は、局地的な戦闘は別として都市攻撃に使用するには大量の化学物質を運搬して散布する必要があり、機動性・確実性が低い。ある国が核兵器を保有しているならば、戦略兵器として確実性の乏しい化学兵器を使用する可能性は低い。可能性があるとすれば微量で人体に対する影響が大きい神経剤の使用である。

代表的なサリンとＶＸについて毒性を示すと上の表５―２のようになる。ただし毒性といってもいくつか定義があり、どのような経路（呼吸、汚染空気と接触して皮膚から、皮膚から液状で浸透など）でその物質に曝露（接触）したかにより数値が異なる。また表の数値は「半数致死量」すなわち各々の条件で曝露した場合に半数の人が死亡する量という定義である。また実際には地下鉄サリン事件の例のように、ある被害者が液状のサリンに触れ、さらに同じ被害者が液状のサリンから空気中に揮発してガス状になったサリンも吸入するなど複合した影響になる。どの経路でどのくらいの量に曝露したかを確認することも緊急時には困難であろう。

このような性質から、たとえばサリンを搭載した弾道ミサイルが飛来して目標地点上空で化学剤を飛散させたとしても、広範囲の公衆に均等に致死量を吸入させたり付着させることはできないから、攻撃側からみればその効果の予測はきわめて不確実である。ときに「サリン○○kgで○○万人分の致死量に相当する」といった記述がみられるが、このような単純な割り算にはあまり意味がない。被害の想定には他にもいくつか細かい条件を設ける必要があり、数値を知っただけでは具体的な防護には結びつかない。

生物・化学兵器に対する防護

前述のように生物・化学兵器の影響は不確定要素が大きくその場での対応によらざるをえない面も多い。総務省消防庁の資料[注21]では、たとえば化学・生物災害時における消防活動の手順として、原因物質推定前と推定後に分類し、また風向に応じて活動ゾーンを設定し、各々の条件に応じた必要な装備(気密性の高い防護服のレベルなど)を定めて活動要領を定めている。ただし風向や風速は局地的には時々刻々と変化し、風向が短時間で逆転する場合も少なくないので実際の適用は簡単ではない。またこれらの資料は現場で防護・救助活動に従事する消防隊員に対するものであり、避難者やそれを誘導する自治体職員等のガイドラインにはならない。

二〇一二年十一月に山形県で行われた国との合同訓練[注22]において、JR山形駅に到着した電車内及びホームにサリンが散布され多数の死傷者が発生し、さらに犯行グループは駅に隣接するビルの爆破を予告したとの想定の下に、消防活動の訓練も実施されている。しかしこの訓練でも想定の不自然さがみられる。サリンを入手あるいは製造し兵器化できる組織が存在するとすれば、本格的な研究・製造設備を保有する国あるいはそれに準じる集団、かりに犯罪組織としても解体前のオウム真理教に相当する大規模な集団であろう。そのような組織が、東京都の新宿駅（一日あたりのJR・民鉄・地下鉄合計の利用者数が三四七万人）に比べて、県庁所在地とはいえ新宿駅の三〇〇分の一以下の利用者しかいない山形駅（約一万人・同）をなぜ標的にするのか考えにくい。

一方で生物剤に関しては、軍事に関連するか否かを問わず、現象として感染症の侵入とその拡大（パンデミック）防止という面では同じであり対策は共通した部分がある。たとえば「新型インフルエンザ等対策特別措置法（二〇一二年成立）」が一つの参考となる。[注23] 同法に基づいて政府・都道府県・市町村は、対象の区域にかかわる新型インフルエンザ等対策の実施に関する計画を作成する義務を有する。前述のように生物兵器については不確定要素が多く、確度の高いシミュレーションはむずかしいが、対策について考え方を数理モデルにより検討することはできる。

たとえば生物兵器により散布された何らかの菌やウィルスについて、免疫保持者がいない集団（一定の人口を有する都市や地域）を想定する。そこに生物兵器による飛散物に接触して感染者（他者に感染させうる者）が一定数生じたとすると、免疫を保持していない者（免疫を持たず感染しうる者）が、感染→発症→治癒までの間に感染者と接触すれば感染し、感染者がまた他の人と接触して感染者を増やしてゆく。ただしこのような事態が発生したならば、SF映画のようにその都市や地域の全人口が感染して全滅するまで拡大するかといえば、必ずしもそのようなことはない。同じ状態からスタートしても、どのような経過で推移するかは「感染確率」「回復確率」「出会い数」などの条件により大きく異なる。

「感染確率」は、単純な対策ではマスク・手洗い・除染（消毒）などにより減らすことができる。

図5—3　感染症拡大と収束の概念

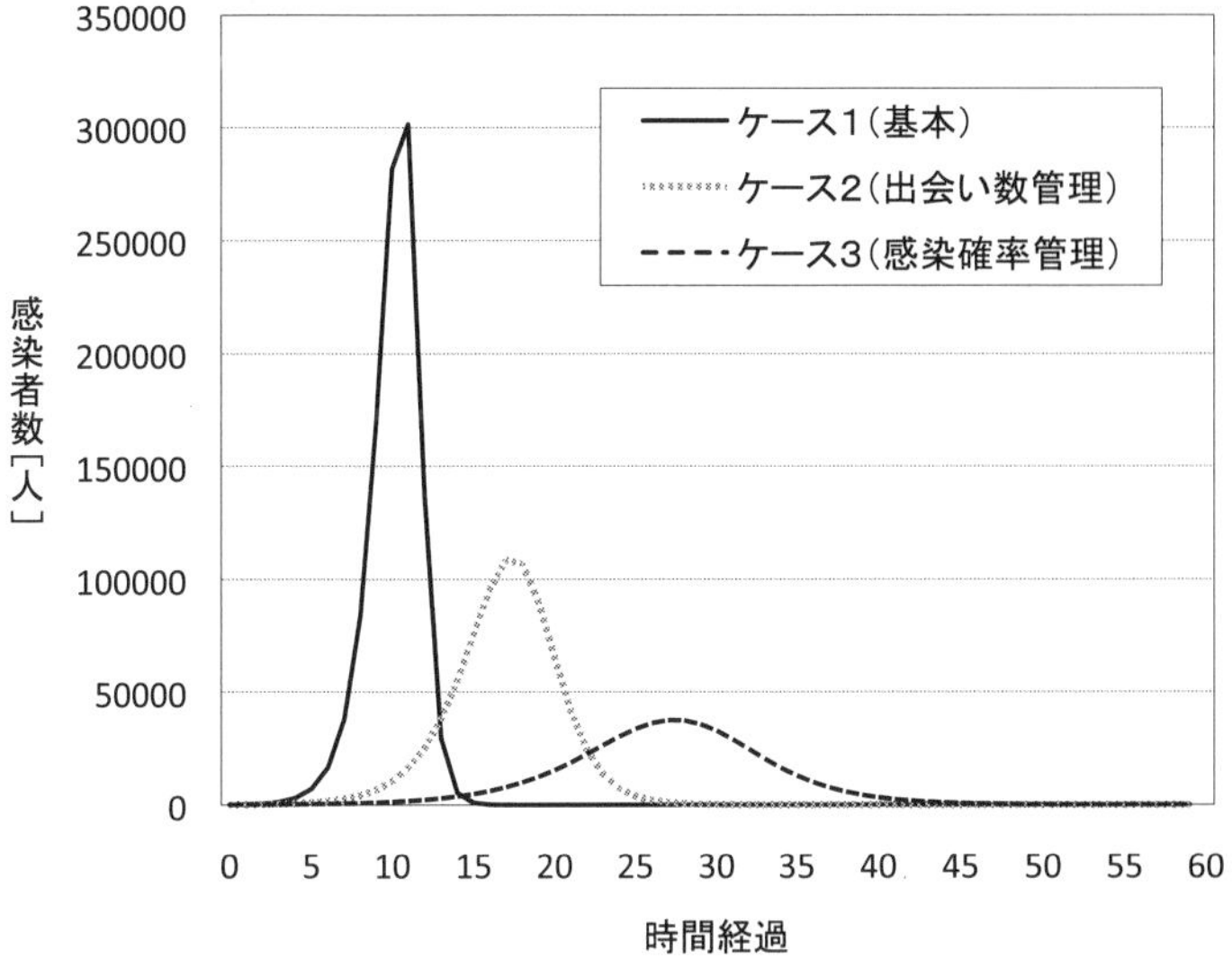

また生物剤の種類にもよるが回復者は免疫を獲得する場合がある。またはあらかじめワクチン等により免疫を付与することが可能である。「回復確率」は、致死性の低い生物剤ならばほとんどの人が回復するし、適切な治療により回復確率を向上させる方策もある。

「出会い数」については生物兵器への対応でなくともしばしば行われているように、学級閉鎖や外出自粛などにより管理することが可能である。こうして全人口が感染して全滅するのではなくある時点で終息する。

これまで流行歴のある感染症については感染確率や回復確率の条件があるていど推定されているが、未知の感染症が侵入した場合にはそれらのデータをあらかじめ知ることは難しい。

また日本の大都市圏のように近隣の地域

との間に人の出入りが多い場合には影響が広範囲に伝播するおそれがある。概念的ではあるが「感染確率」「回復確率」「出会い数」を変えるとそれぞれどのように推移が異なるか、すなわち被害を減らせるかをシミュレーションした結果を図5―3に示す。またこのシミュレーションは、ワクチンや治療設備をどのくらい用意すべきか、経済・社会活動の低下をどのくらいまで許容して規制を実施すべきかなどの検討にも利用される。

ケース1は、人口一〇〇万人の都市あるいは地域において、生物兵器による飛散物に接触して第一次の感染者が一〇〇人発生したとして、感染確率・回復確率・出会い数をある値に仮定した場合の推移を示す。ケース2は、ケース1の条件のうち出会い数を減らして他は同じとして推移した場合である。ケース3は同様に感染確率を減らした場合である。実際には個別の対策でなく複数の対策が並行して実施されるから、感染者数はさらに抑え込むことが可能である。

しかし実際には「弾頭が着弾して何らかの爆発が起きた」という情報だけでは、菌やウィルスの種類はもとより生物兵器なのかどうかすら判断できないし初期的に何人が感染したのかもわからない。またミサイルや爆発物でなく人間による持ち込みの場合にはさらに初期的な感知は困難である。もし本当に生物兵器が使用されたのであれば、核兵器や化学兵器と同じ認識で多数の住民が避難所に集合すると、むしろ感染確率と出会い数を増やして被害を拡大する結果を招くおそれがある。

なお今のところ自衛隊のNBC災害対応能力は心もとないレベルである。「化学防護部隊」が編成されているが、防衛省の資料によると全国で一五個部隊・人員六七〇名・化学防護車三〇台（二〇一七年九月現在[注24]）の規模では、原発事故にさえ対応できない体制である。一九九九年の東海村JCO臨界事故（前出）の際には災害派遣命令[注25]により第一〇一化学防護隊（現中央特殊武器防護隊）が出動したが、当時の化学防護部隊には原子力事故を想定した装備がなく、避難者の救援活動に協力したのみで本来のＮＢＣ部隊としての活動はできず撤収している。[注26]

注

注1　長崎大学核兵器廃絶研究センター・近代的な核弾頭の概念図
http://www.recna.nagasaki-u.ac.jp/recna/nuclear_trashed/nuclear_commentary
注2　前出Glasstone、九一頁
注3　ジョン・W・ゴフマン、今中哲二ほか訳『人間と放射線』社会思想社、一九九一年
注4　厚生労働省の定義では、原子爆弾が投下されてから二週間以内に、救援・医療・捜索等のために、広島または長崎市内の爆心地から約二㎞の区域内に立ち入った者とされている。ただしその設定では被害の過小評価をもたらすとして批判もある。　http://www.mhlw.go.jp/bunya/kenkou/genbaku09/01.html
注5　一九二三年九月一日に発生。死者・行方不明者一〇万五〇〇〇人のうち九割以上が火災による。
注6　一九四五年三月十日に発生。死者八万四〇〇〇人と記録されている。
注7　消防庁消防大学校ホームページ「市街地火災時の『旋風』・『火災旋風』の現象解明をめざして」
http://nrifd.fdma.go.jp/research/seika/kamitsu_toshi/senpu/index.html
注8　広島市国民保護協議会核兵器攻撃被害想定専門部会「核兵器攻撃被害想定専門部会報告書」二〇〇七年十一月
注9　前出・広島市国民保護協議会、九六頁、一〇三頁など
注10　一九九四年六月二十七日に、長野県松本市内でオウム真理教関係者がサリンをトラックから噴霧し、死者八名・負傷者約六〇〇名の被害を生じた。

注11　一九九五年三月二十日に、東京都内の地下鉄五カ所でオウム真理教関係者がサリンを散布し、ガスを吸引・接触した利用者と駅員に死者一三名・負傷者約六三〇〇名の被害を生じた。

注12　イラクやアルカーイダとの関連が示唆されたが真相は不明

注13　たとえば一九七九年に旧ソ連のスヴェルドロフスクの研究施設から炭疽菌漏えい事故が発生し多数の死者が発生したことが報告されている

注14　「バルーン目撃相次ぐ　『青い液体』入りも」『毎日新聞』二〇一六年十月二十九日ほか各社報道

注15　ポール・ポースト著・山形浩生訳『戦争の経済学』バジリコ、二〇〇七年、三五三頁

注16　清水勝嘉『生物兵器防御研究』不二出版、二〇〇五年

注17　「七三一部隊・細菌戦資料センター」ウェブサイト　http://www.anti731saikinsen.net/index.html

注18　一九九三年六月、七月に東京都江東区の教団施設付近で炭疽菌の散布を試みた

注19　テンペスト出版社編・小川和久監訳『生物化学兵器早わかり　Q&A集』啓正社、二〇〇〇年、同『初動要員のための生物化学兵器ハンドブック　実践マニュアル』啓正社、二〇〇〇年

注20　吉岡敏治「化学テロ対策の現状と課題：化学テロから人命を守るために」『自治体危機管理研究』№一九号、二〇一七年三月、四九頁

注21　総務省消防庁「消防機関におけるＮＢＣ等大規模テロ災害時における対応能力の高度化に関する検討会」http://www.fdma.go.jp/neuter/about/shingi_kento/h28/terro_taiou/index.html
総務省消防庁「平成二八年度救助技術の高度化等検討会報告書」http://www.fdma.go.jp/neuter/about/shingi_kento/h28/terro_taiou/houkoku/houkokusyo.pdf

注22　内閣官房「平成二四年度　山形県国民保護共同実動訓練の概要」http://www.kokuminhogo.go.jp/pdf/241106yamagata-gaiyou.pdf

注23　東京都福祉保健局「東京都新型インフルエンザ等対策行動計画」http://www.fukushihoken.metro.tokyo.jp/iryo/kansen/shingatainflu/koudoukeikaku.files/tokyo_plan_of_action

2013.pdf

注24　防衛省ウェブサイト「化学防護部隊などの活動」
http://www.clearing.mod.go.jp/hakusho_data/2002/column/frame/ak143004.htm

注25　大規模な自然災害・事故などに際して「自衛隊法」第八三条に基づき派遣される。

注26　高井三郎「テロ！ミサイル！爆撃！『原発を守れ』」『軍事研究』二〇一六年七月、六四頁

第六章　どこがどう狙われる？

破壊手段と運搬手段

前述のように「武力攻撃事態」で想定されているのは①着上陸侵攻、②ゲリラや特殊部隊による攻撃、③弾道ミサイル攻撃、④航空攻撃の四パターンであるが、別の分類としても考えられる。第一は、攻撃側が正規（通常）軍か特殊部隊かなどの相違はあるにしても、防衛側と直接的な武力的接触を伴うパターンである。第二は、相手方の自国領域内あるいは目標から相当に離れた場所から遠隔的に攻撃力が行使されるパターンであり、一般にはミサイルによる。一九五〇年代には、米国において数十kmていどの距離での陸上戦闘において砲や無誘導ロケット弾による小型の核を使用する実験が行われたことがあったが現在は放棄されている。これらを表6―1に示す。

また兵器は「破壊（加害）手段」と「それを運搬する手段」の組み合わせである。「破壊手段」としては通常兵器（各種の火器）かＮＢＣ（核・生物・化学）兵器かの別がある。兵器の使用法の中でも、相手国の経済・社会全体を破壊する「戦略的」な使用と、武力（抵抗力）の制圧を対象とした「戦術的」な使用に分かれる。

なお最近は「ドローン」が実用化されつつある。日本でいうドローンは小さなプロペラで浮上する枠型の機体だが、もともとドローンは軍事用の無人飛行機全般を指す。正規の戦闘機や攻撃機に比べて桁ちがいに安価であるため、国に属さない武装勢力やときには個人でも製造・運用できる。二〇一八年一月にはシリアに展開するロシア軍基地に対して多数の手作りドローンによる集団攻撃が実施さ

表6—1　攻撃のパターン

種類	破壊手段	被害の原因	防護
直接的侵攻（双方の武力的接触を伴う）	航空攻撃、着上陸、ゲリラ・特殊部隊	爆撃、銃撃、砲撃による被害	避難
遠隔的手段（ミサイルなど）	核	衝撃波・熱線・放射能・電磁パルスなど	避難・除染
	生物	感染による人体被害（農畜産物の被害などもありうる）	避難・除染・拡大防止
	化学	化学物質による人体被害（農畜産物の被害などもありうる）	避難・除染

れた。

なお北朝鮮に関しては、後述するように絶対額としては米国の〇・五％にすぎない軍事費で最大限の効果を挙げるにはどうすべきかを考慮した結果として、最も合理的な選択（すなわち核ミサイル）に行き着いたと思われる。

「破壊手段」すなわち弾頭の選択については、通常（爆薬）弾頭・核弾頭・ダーティボム・生物または化学弾頭などが考えられる。ダーティボムとは強い放射線を発生する放射性物質（核反応生成物）、いわゆる「核のゴミ」を故意に散布して、物理的な破壊効果はないがその地域での経済・社会活動を不可能とする方法であり、核反応を伴わないため核技術が未発達でも使用可能である。ただし核のゴミを大量に保有しているのは、核を利用したエネルギー産業や兵器産業の蓄積を有する国である。そもそもダーティボムを発案したのは米国であり、世界初の原爆を開発したマンハッタン計画の前後に放射性物質の毒性に注目し、核爆発ではなく物質自体を散布する方法で兵器として利用することを検討した文書がいくつか発見されている。これが実行に移されなかった理由は、逆に原爆開発に従事する関係者に放射性物質の危険性を知らせないためであったという。[注1] また明確な文書的根拠は残っていないが朝鮮戦争でも中国軍の侵攻を止めるために使用が検討されたと言われている。国に属さない武装集団等による放射性物質の奪取も懸念されているが、即死レベルの放射能を発生するため取扱いには高度な技術を要することから簡単には実行できないであろう。

北朝鮮は生物または化学兵器に関して製造能力を有しているとみられるが、これらを弾道ミサイルの弾頭として使用する可能性は低い。米国・ロシア・中国でも、生物または化学兵器の戦略的な目的での使用は研究されていると思われるが実用化の報告はない。防衛省資料でも、生物または化学兵器が弾道ミサイルに搭載されていたとしても、迎撃・破壊時の熱などにより効力を失う可能性が高く、効力が残ったとしても落下過程で拡散するので所定の効果を発揮することは困難であろうと評価している。[注2] かりに生物または化学兵器が実際に使用されるとすればこのような遠隔的な方法ではなく、一連のオウム真理教関連事件のようにテロ行為として実行される可能性がある。実行者が生還を期さない性格の集団であればその可能性はいっそう高くなる。

次に運搬手段としては、弾道ミサイル・巡航ミサイル・航空機投下・特殊な手段が考えられる。北朝鮮は長距離爆撃（攻撃）機を保有しておらず運用体制も構築していないので航空攻撃の可能性は低い。これらのシステム一式を装備・運用するには巨額の費用が必要であり、結局のところ最も「安上がり」の弾道ミサイルに特化しているのであろう。また特殊な手段とは、①漁船・商船等に偽装した船舶に搭載して陸地に近づき海上で起爆する、②少人数の特殊部隊による人力搬送、③いわゆる「風船爆弾」などである。生物または化学弾頭に関しては、②と③ならば熱による効力消失を避けられる。日本でも戦時中にタイマーで落下する小型爆弾を搭載した風船爆弾[注3]を米国向けに放出した事実があるが、苦しまぎれの「珍兵器」の部類であり、兵器としての実効性はほとんどなかった（米国内で民間人死者六名）。この風船爆弾は日本から放出して東向きのジェット気流に乗る風任せの不確実な方法であるが、現在の北朝鮮の弾道ミサイルと背景や発想が酷似している。長距離侵攻が可能な航空戦力を整備する力がなく制空権も失われた状態で、最低限の費用かつ無人で米本土を攻撃する手段として原始的なＩＣＢＭともいえる発想であった。

原子力施設への攻撃

福島原発事故後の二〇一一年七月三十一日の『朝日新聞』に掲載された記事によると、外務省は一九八四年に、日本国内の原発が武力攻撃を受けた場合の被害予測を検討していたことが判明した。[注4]この検討は弾道ミサイルや核攻撃を想定したものではなく、検討の契機は一九八一年六月のイスラエル空軍によるイラクの原子炉（建設中のため核燃料なし）への攻撃であった。核燃料を装荷中の原子炉本体や格納容器が破壊された場合に加え、東京電力福島原発事故と同じ全電源喪失も想定している。検討の結果、大量の放射性物質が流出して最大一万八〇〇〇人が急性死するという報告書を作成したが、反原発運動の拡大を恐れて公表しなかったとされている。[注5]

ただし相手が弾道ミサイルに搭載可能な核弾頭を本当に保有しているならば大都市を目標とすればよく、わざわざ原発を壊してそこから放射性物質を発生させる方法は効果が不確実であり可能性は低い。原子力規制委員会の田中俊一前委員長は、二〇一七年七月六日に福井県高浜町（関西電力の高浜原発が立地）における地元住民との意見交換会の席上、原発のミサイル攻撃対策に関して住民から質問が提示された際に「大型航空機落下についての対策があり，相当の対応はできる」と回答し、さらに「小さな原子炉にミサイルを落とす精度があるかどうかよく分からない。私だったら東京都のど真ん中に落としたほうがよっぽどいいと思う」と発言した。[注6] また民主党政権での「政府事故調（東京電力福島原子力発電所における事故調査・検証委員会、二〇一一年五月～二〇一二年九月）委員であった吉岡斉も同様の見解を示すとともに、ミサイルよりも特殊部隊等の携行兵器による武力攻撃のリスクが大きく、現在の原発の警備体制では容易に侵入されてしまうと指摘している。[注7]

原発に対して何らかの攻撃が行われた場合には、原子炉本体よりも燃料プール[注8]が最も脆弱であろう。原子炉本体に装荷されている核燃料は、沸騰水型と加圧水型の違いはあるものの原子炉容器と格納容器に囲まれている。これらは武力攻撃を対象とした構造ではないものの、武装勢力が携行可能な対戦車兵器では、この二重の金属壁を一挙に貫通することは困難と考えられる。しかし燃料プールは単なる建屋の中にあり、しかもそこに蓄積されている放射性物質の量は、原子炉本体の内部よりも多く、また核弾頭によって発生する放射性物質を桁ちがいに上回るほど存在する。単純な比較はできないが、一例としてセシウム一三七について比較すると、広島への原爆投下で生成・飛散したセシウム一三七は八九兆ベクレルと推定されるのに対して、[注9] 二〇一一年三月十一日時点で福島第一原発の内部（原子炉内及び貯蔵プール）に蓄積されていた使用済み燃料中のセシウム一三七の合計は二五八京《けい》ベクレルと推定[注10]されており桁ちがいの量に達する。[注11]

日本は原子力発電から発生した大量の放射性廃棄物を無防備な施設で貯蔵（現実には放置に近い）し

ている。これらは小規模な特殊部隊の攻撃で容易に破壊・漏出させることが可能であるが、貯留されている放射性廃棄物の量は、核爆発で発生する量を桁ちがいに上回っており、日本自体が前述のダーティボムを国内に並べて相手に起爆スイッチを預けているような状況である。

特に危険な設備として、茨城県東海村と青森県六ヶ所村にある燃料再処理施設の廃液貯槽が懸念される。原子力規制庁の資料によると、日本原子力研究開発機構再処理施設（茨城県東海村）の高レベル廃液貯槽には液体量で四〇六立方メートル、核分裂生成物ではセシウム一三七が一二〇京ベクレルと、その他の核種を合わせて四一〇京ベクレルの放射性物質が貯留されているほか、プルトニウム溶液も三・五立方メートル・一〇京ベクレル分が存在している。[注12]また日本原燃株式会社六ヶ所再処理工場（青森県六ヶ所村）にも液体量で二二三立方メートル、[注13]放射能物質ではセシウム一三七が五二京ベクレル分が存在している。

日本ではすでに最悪事態寸前までの実体験がある。二〇一一年三月以降の福島原発事故において、もし収束作業が失敗しさらなる最悪事態に進展したらどうなるか「福島第一原子力発電所の不測事態シナリオの素描」が報告されている。[注14]燃料溶融の可能性や使用済み燃料プールの冷却水喪失の可能性が生ずる状況下で、菅首相（当時）から「最悪シナリオ」について作成することが提言された。この時点で避難範囲が原発から二〇kmに拡大されていたが、さらに「最悪のケース」に進展した場合に避難範囲をどの程度まで拡大すべきか想定する必要に迫られたためである。

図6―1のように事態が進展した場合に、代表核種としてセシウム137を仮定して被ばくの程度をシミュレーションした結果、チェルノブイリの際の対応を参考にすると、住民を強制移転しなけれ

図6—1　福島事故で収束作業ができなくなった場合の事態の進展予測

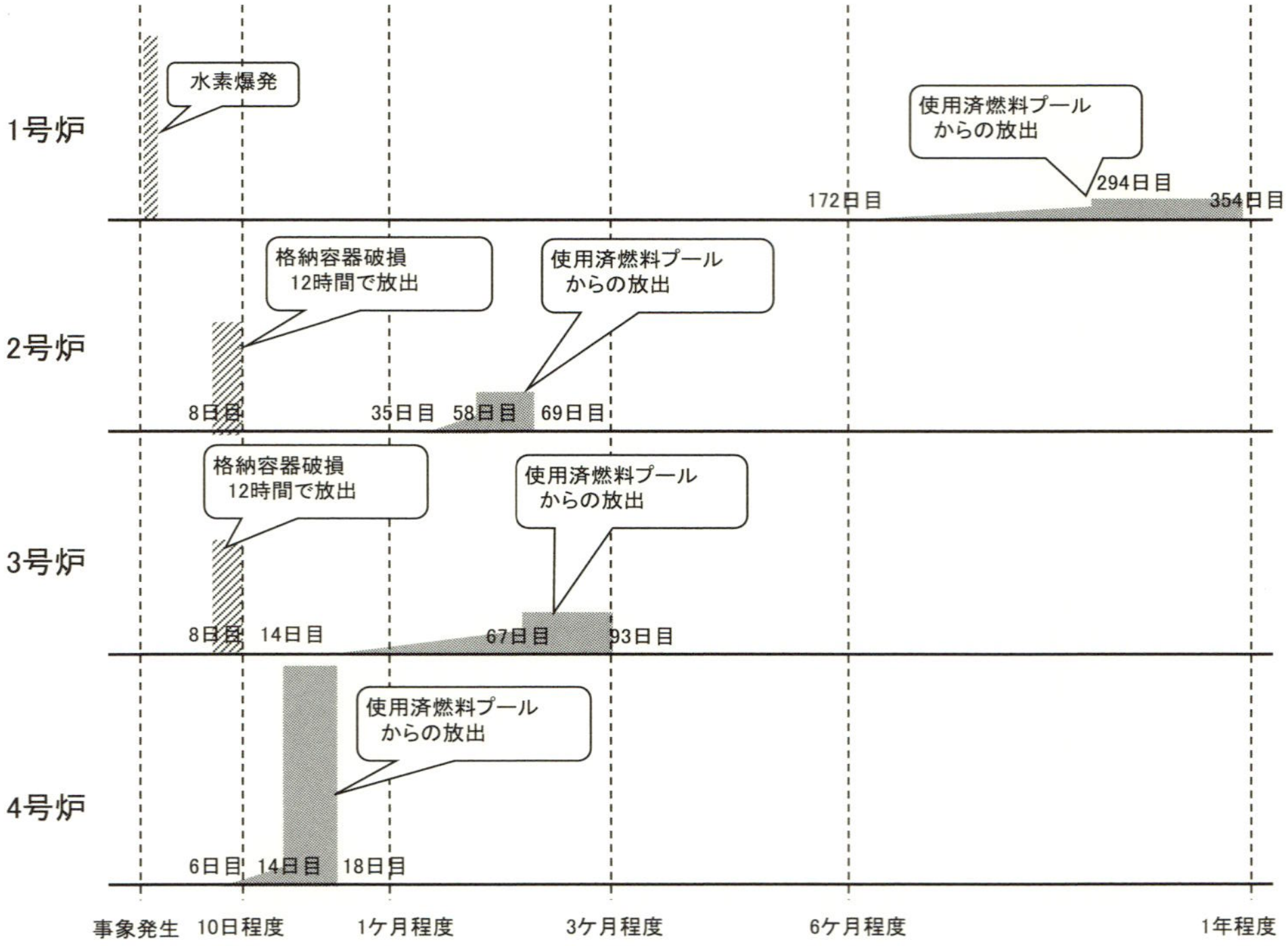

ばならない範囲が半径二五〇km以上・首都圏三〇〇〇万人に達する可能性があるとの結果が報告された。最終的にいくつかの偶然が重なったためにこの最悪事態は避けられたが、かりに武力攻撃事態であれば相手側が意図的にその事態を作り出すことが可能である。

前述の「保護指針」では、武力攻撃に伴う原子力災害が発生した場合の対処は「原子力災害対策指針」に準ずるとしているが、「敵」が存在する状況が加わるから「武力攻撃の状況に留意しつつ、他の地域への避難等を指示」となっている。このような抽象的な記述では何も具体的な指針にはならず「なってみなければわからない」という無責任な内容は現在も改善されていない。

大都市への攻撃

核兵器に関しては、核の五大国すなわち米国・ロシア（旧ソ連）・英国・フランス・中国が想定する使い方（目標）は大別して二種類である。第一は相手側の弾道ミサイル施設を先制攻撃するためである。第二は先制攻撃を受けた場合に、残存した核戦力で報復を行うためである。こちらは大都市が目標となる。双方とも第一撃でいきなり相手方の大都市を先制攻撃することは考えにくい。五大国の間では「相互認証破壊」が成立しているとされる。これは条約のような成文化された取り決めではなく概念にすぎないが、核兵器を保有する国が相手に対し先に核兵器を使用した場合、攻撃を受けた側は残存した核戦力による報復を行うため、必然的に双方に壊滅的被害が発生するという認識によって、双方の核攻撃が自制・抑止されるとする考え方である。いわば「使おうにも使えない」ことが安全を保障するしくみである。この解釈については賛否両論がみられるが、冷戦時に米国とソ連が双方で核戦力競争を行いながらも実際には核戦争が起きていない事実から「相互認証破壊」の機能が実証されているという見解もある。

一方で北朝鮮の核戦略はこうした枠組みとは異なる。北朝鮮の弾道ミサイルは五大国と比べると低コストで製造されていると思われるが、いかに軍事優先の北朝鮮といえども弾道ミサイル製造のための原料・資材は有限であり、核大国と比べればその保有数は限られる。目標が米国か日本かを問わず、かりに他国領土内に着弾させる意図があるとしても基本的には「一回かぎり」である。限られた機会で最大の効果を発揮しようと思えば最も大きな被害をもたらす場所、すなわち相手国に社会・経済機能を一斉に破壊できる大都市を目標とするはずである。

東京ドームに弾道ミサイル

前述のように二〇一八年一月に東京都文京区で弾道ミサイル落下を想定した訓練が実施されている。本章ではその想定に従い東京ドームに核弾頭を搭載した弾道ミサイルが着弾したとして具体的な人的被害を推定する。計算にあたって、核弾頭の威力や種類・起爆位置（空中か地上か、空中とすればその高度）・当日の天候など多くの条件により結果は異なり、さらに昼間か夜間（時間帯）か、平日か休日かなどによってどこにどれだけの人が存在するかなど被害は大きく変化する。さらに各個人のレベルでも爆発の初期（〇秒～一分以内）にどのような遮へい状況の場所にいるかによっても被害は異なる。

図6―2　東京ドームに核弾頭着弾ケースの人的被害状況

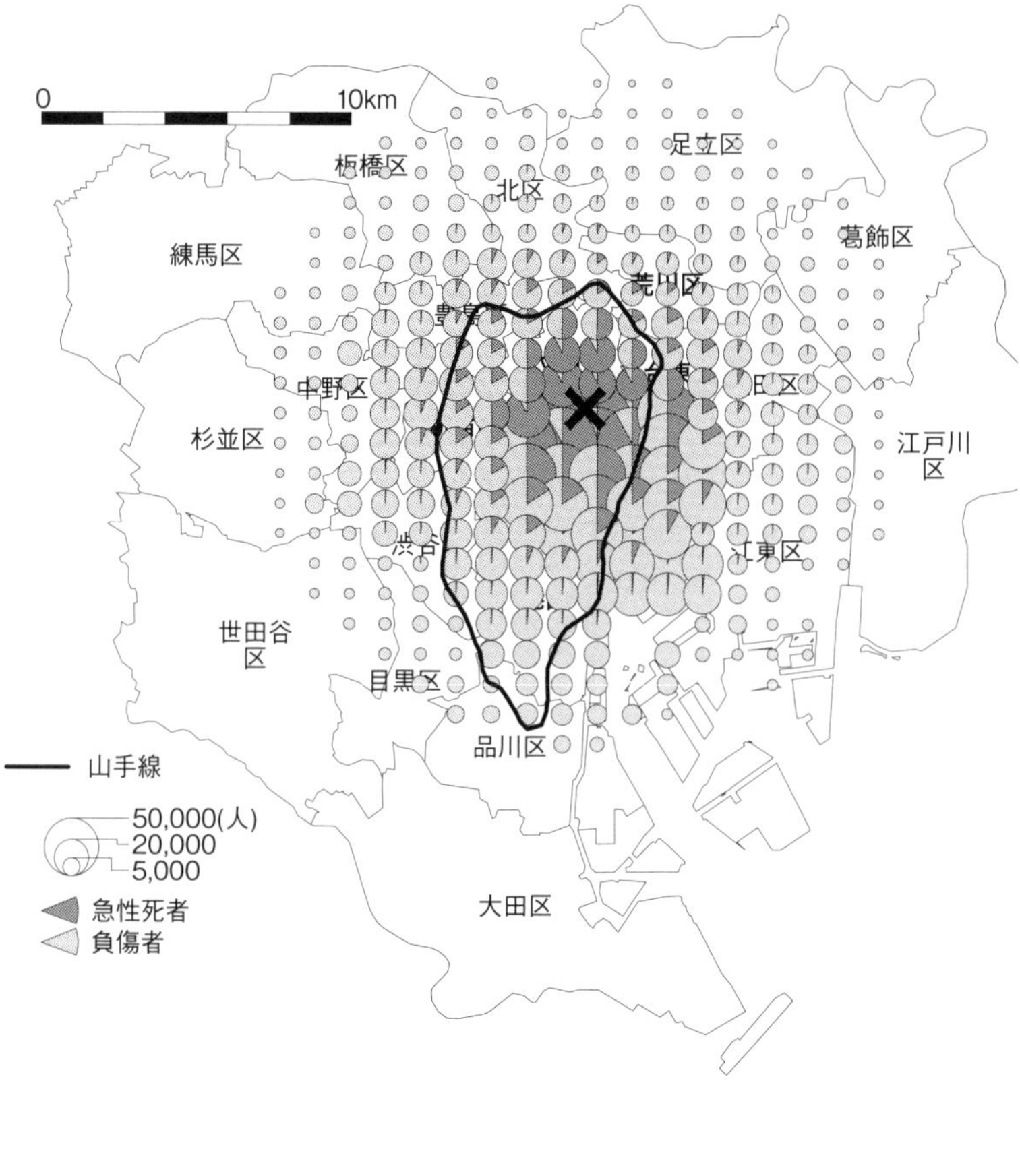

このように大まかな条件の組み合わせだけでも多数の異なるケースが生じるが、ここでは代表ケースとして核弾頭を一六〇キロトン（北朝鮮の二〇一七年九月の実験の推定威力）と仮定し、平日の昼間・晴天を想定する。方法としては居住者の統計（国勢調査等から）や在勤者の統計（産業統計）から全体の人数を仮定し、さらにそれらの人々がある時点でどれくらいの割合で屋外に出ていて、遮へいされている（いない）割合はどのくらいか、また屋内の場合には建造物の構造（木造・コンクリート）別にどのくらいの人が居住しているかなども仮定する。これらの条件から図5―2の推定被害率を適用し、国や都のウェブサイトで公開されている公的統計[注15]を使用して具体的な被害を推定する。核爆発の被害のうち、初期放射線・残留放射線・衝撃波・熱線等の種類ごとに致命的な被害が及ぶ範囲が異なり、さらにそれらは同時に起きるため影響は重複したものになるが、人的被害として死傷が発生する境界を一〇kmとした。

試算の結果、急性死者四〇万人と負傷者二四八万人の被害が推定される。被害状況の分布は図6―2のようになる。この結果から、本当に核弾頭が着弾した場合には第一章で述べたような、身を屈めて頭を覆う対応にどれだけ実効性があるのか改めて疑問を抱くであろう。

米軍基地に弾道ミサイル

神奈川県横須賀市を対象に、化学弾頭を搭載した弾道ミサイルが着弾したとの想定で国民保護法と関連して被害シミュレーションを行った例がある。[注16] 横須賀市を事例とした理由は、米軍・自衛隊施設が集中するとともに発電所（ただし同市に存在する東京電力横須賀火力発電所は現時点では稼働率低下と設備老朽化のため全基停止中）などインフラが存在し、武力攻撃の格好の標的となるためとしている。ここで「弾道ミサイルと化学弾頭の組み合わせ」に軍事的な現実性があるかどうかはやや疑問であるが、資料に従いそのシナリオを紹介する。

着弾想定地は市の北端中央にある「在日米海軍第七艦隊横須賀基地の正門」と設定されている。この事例にかぎらず被害の想定や避難の検討に関しては、曜日や時間帯（昼間人口・夜間人口）により大きく影響されるが、シナリオでは化学兵器の効果が大きくなる安定な気象条件（化学物質が拡散しにくく高濃度で滞留しやすい）を想定し、春または秋の夕方と想定されている。事前にミサイル発射の兆候が察知されており、警報の発出（Jアラート）から十数分後に弾道ミサイルが着弾し住民の状況から神経剤が使用されたと判断された。着弾点から半径一㎞が「攻撃エリア」とされ、何も対策が取られないと住民三一八四人、基地従業員一八七〇人、合計五〇五四人が被害を受けると推定された。なお米軍関係者の被害は集計されていない。

一方で警報の発出から十数分後までに防毒マスク・防護服・屋内や地下への待避ができれば被害者の数は一〇％以下に、また防護するための資機材が完備し訓練どおりに完全防護できれば一〜二％以下に低減が可能としている。つぎに北西方向に風速五ｍ／秒前後の風の場合の風下方向の被害を想定している。この場合は風下側一〇㎞の扇状の範囲が「危険エリア」となり、この範囲に居住する約二七万人のうち、無防備の場合は約一〇％、防護措置がとられた場合は五％の住民に被害が生ずると推定された。ただし実際のところ、横須賀市の住民に対して防毒マスク・防護服の配布が行われているわけでもなく、あくまで計算上の数字である。また防護措置がとられたにしても多数の被害者が発生することになるが、その後の対応については言及がない。

なおこの検討では、国民保護計画をより有効に機能させる方策として、現行の消防団を拡充強化した「新消防団」を提案している。注17 現行の消防団には、ことに都市部においては①消防団員数の減少と高齢化、②サラリーマン団員の割合増加による活動困難（通勤先にいる時間帯が多いため必要が生じても地元では活動できない、勤務先の理解が得られないなど）、③知識・技術の不足を指摘し、各々に対する対策を提言している。

本書では同じような想定に従い、有事の際に総合的な指揮機能の中枢となる日米共同統合運用調整所が所在する横田基地（東京都福生市・瑞穂町・武蔵村山市・羽村市・立川市・昭島市にまたがる）に化学弾頭（サリン五〇〇kg）が着弾したとして筆者がシミュレーションを行った結果を図6―3に示す。なおこのシミュレーションでは地形の影響は考慮していない。

もとより弾頭の規模や化学物質の種類、飛散させる方法、気象条件の想定などにより影響は大きく異なるが、一例として北西の風で大気が比較的不安定（拡散しやすい）の場合を仮定して計算した。影響注18は大きいほうから①生命の危険がある・②重大な影響、行動能力の喪失がある・③著しい不快感がある（回復可能）・④影響がないの四段階の色別で示した。なお大気の条件に関しては、安定あるいは無風（拡散しにくい）の条件では狭い範囲に高濃度の汚染大気が滞留するのに対して、不安定あるいは有風（拡散しやすい）の条件では広い範囲に低濃度の汚染大気が広がる。総合的にいずれの被害が大きくなるかは一概にいえない。

図6―3　横田基地に化学弾頭着弾の場合の被害状況

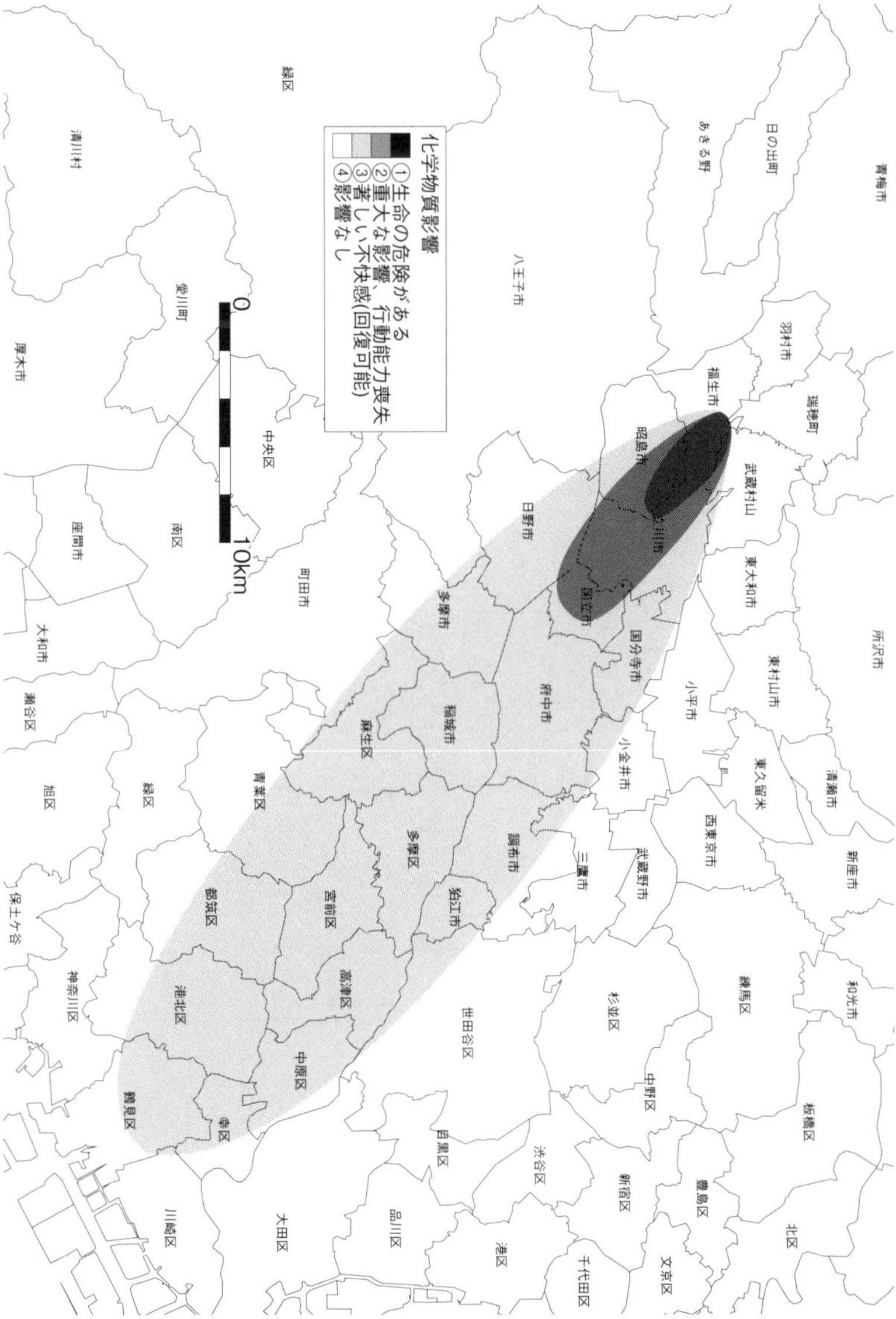

市町村別危険度

北朝鮮は、実行の意志はともかく弾道ミサイル部隊の任務は在日米軍基地への攻撃であると表明している。[注19] 自衛隊には言及していないが、多くの米軍基地は自衛隊と共用あるいは隣接している。このため米軍・自衛隊の基地が攻撃目標となって周辺地域が巻き添えになるとの懸念も示される。ただし北朝鮮に関しては、米軍・自衛隊の防衛能力を予め排除してから本格的な攻撃に移るなどの段階的な作戦を実施する余裕はないと思われるし、ことに米軍に対しては陸上基地を破壊しても航空母艦や潜水艦は排除できない。

ことに潜水艦に関しては、米国の潜水艦搭載弾道ミサイルの性能を考えると、北朝鮮に接近する必要もなく数千km離れた海域から報復力を行使できる。こうした理由から、米軍・自衛隊の防衛能力を予め排除するには、たとえ核弾頭を使用して手持ちの弾道ミサイルをある限り消費したとしても、その後は報復を待つばかりとなる。こうした方法は戦術的にも下策であるから米軍・自衛隊基地が弾道ミサイルの攻撃の対象となる可能性は低いが、皆無とはいえないであろう。

二〇一七年四月の米軍によるシリア航空基地への攻撃では、地中海上のアメリカ海軍の艦船から発射された五九発の通常弾頭の巡航ミサイル（トマホーク）が使用されたと報告されている。[注20] シリアの航空基地を一つ制圧するのに高価な巡航ミサイルを五九発（ミサイル本体が一発あたり一億五〇〇〇万円、その他の運用システムや間接経費も考慮すれば一発あたり数億円以上）も消費するのはかなり非効率である。ただしシリアは中小国としては防空能力が比較的高いとみられており、通常の有人の戦闘機や攻撃機を使って攻撃すれば多少なりとも反撃を受けて米国軍人の戦死傷者が発生する可能性がある。

これに対して遠く離れた海上から無人のミサイルで攻撃すれば米国側に人的な損害が出るおそれはない。航空機だけでなく通信設備・防空設備・燃料や弾薬の集積庫なども破壊して、防空能力全体を無力化することが目的と思われる。高価なミサイルをできるだけ多く消費してくれれば兵器産業の側が好ましいという背景も考えられるが、同時に米国内での政治的な抵抗を避けつつ軍事的な目標を達成する意図と考えられる。いずれにしてもこのような戦争のあり方は「人命の値段が高い国」が「人命の値段が安い国」を対象にしたパターンであり、逆の関係での攻撃は可能性が乏しいであろう。

以上の考察から参考までに、相手国を北朝鮮と仮定して全国の市町村（東京都は区）別に攻撃を受ける危険度を推定してみたい。ただし破壊手段（通常・核・化学・生物）と運搬手段（ミサイルから特殊部隊に至るまで）の相互の組み合わせとして検討すると無数のケース分けが生じ煩雑になる。ここでは北朝鮮からの観点として前述のように「一回かぎり」の機会において最大限の影響を与えられる。

すなわち軍事的に「点数」が高い目標とそこからの距離（近いほど危険度が大きい）を総合的に点数化して求め五段階評価で色別に示したものが図6―4である。対象は原子力発電所・核燃料再処理施設・ミサイル防衛関係重要施設・陸上イージス施設・米軍航空拠点・石油備蓄基地・石油化学コンビナート・主要な行政施設である。なお推計は全国の市町村を対象に算出してあるが紙面の制約から首都圏周辺のみを示す。首都圏では米軍基地に近い、あるいは複数の施設が集中している等の要因により危険度が高く算出されていると考えられる。

図６—４　攻撃対象施設と市町村別危険度（首都圏の例）

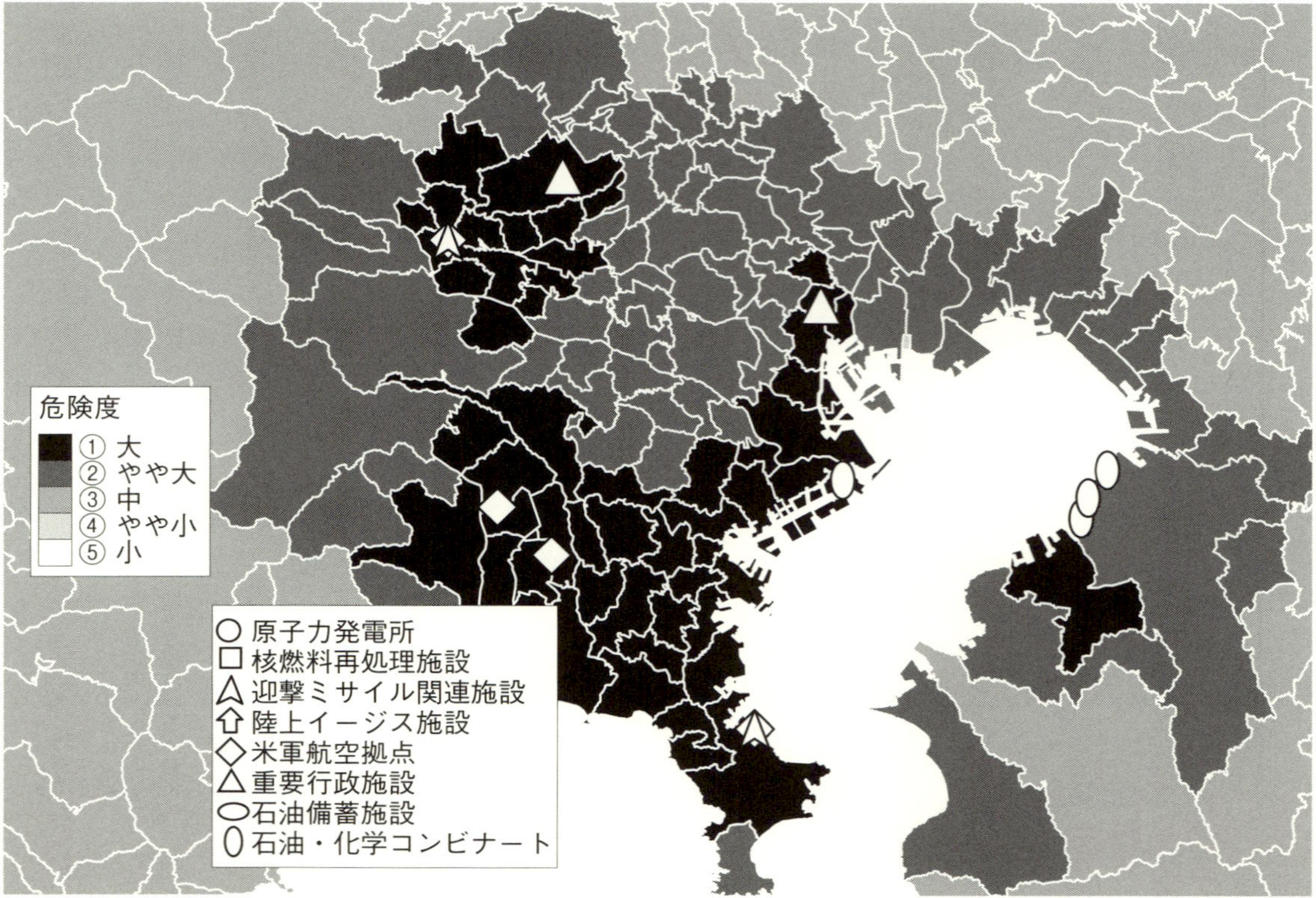

米本土攻撃は日本に関係あるか

二〇一七年十月の衆議院選挙での自民党の公約[注21]として「上空を飛び越えるミサイルの脅威から、この国を守り抜く。自民党」という意見広告がしばしば表示されたが、上空すなわち宇宙空間を飛び越えるのであれば日本に何の影響もなく技術的にも意味のない印象操作に過ぎない。一方で北朝鮮から発射されたミサイルが米国に向かう可能性がある場合に、日本は何もしなくてよいのかという議論がある。[注22]制度的には集団的自衛権の行使として迎撃は可能と考えられるが、[注23]現実には可能であろうか。多くの人は地理の授業などで使用される平面地図（円筒図法）に慣れているため、北朝鮮から米国本土に弾道ミサイルが向かう場合は太平洋を横断するかのような印象を抱くが、それは錯覚である。北海道上空の通過や日本海に落下させるコースはあくまで試験のためであり、これを延長しても米国本土には決して到達しない。かりに北朝鮮領内から発射して米国本土東側のワシントンＤＣやニューヨークを目標とするのであれば、中国・ロシア上空から北極海を経てカナダ上空を通過するコース（地上距離で約一万一〇〇〇㎞）となり日本には全く影響がない。

『平成二九年版防衛白書』[注24]に掲載されている資料の上に図6―5のように線を引いてみれば容易に理解できる。地球の自転に起因するずれが多少発生するが北米コースの条件ではほとんど無視できる。しかも長距離ミサイルは多段式なので切り離した推進部（下段ロケット）の残骸が中国やロシア領内の地上に落下する可能性がある。落下予想範囲のロシア側はほとんど無人地帯だが中国側には大きな都

図６―５　米本土への弾道ミサイル経路（防衛白書の図に加筆）

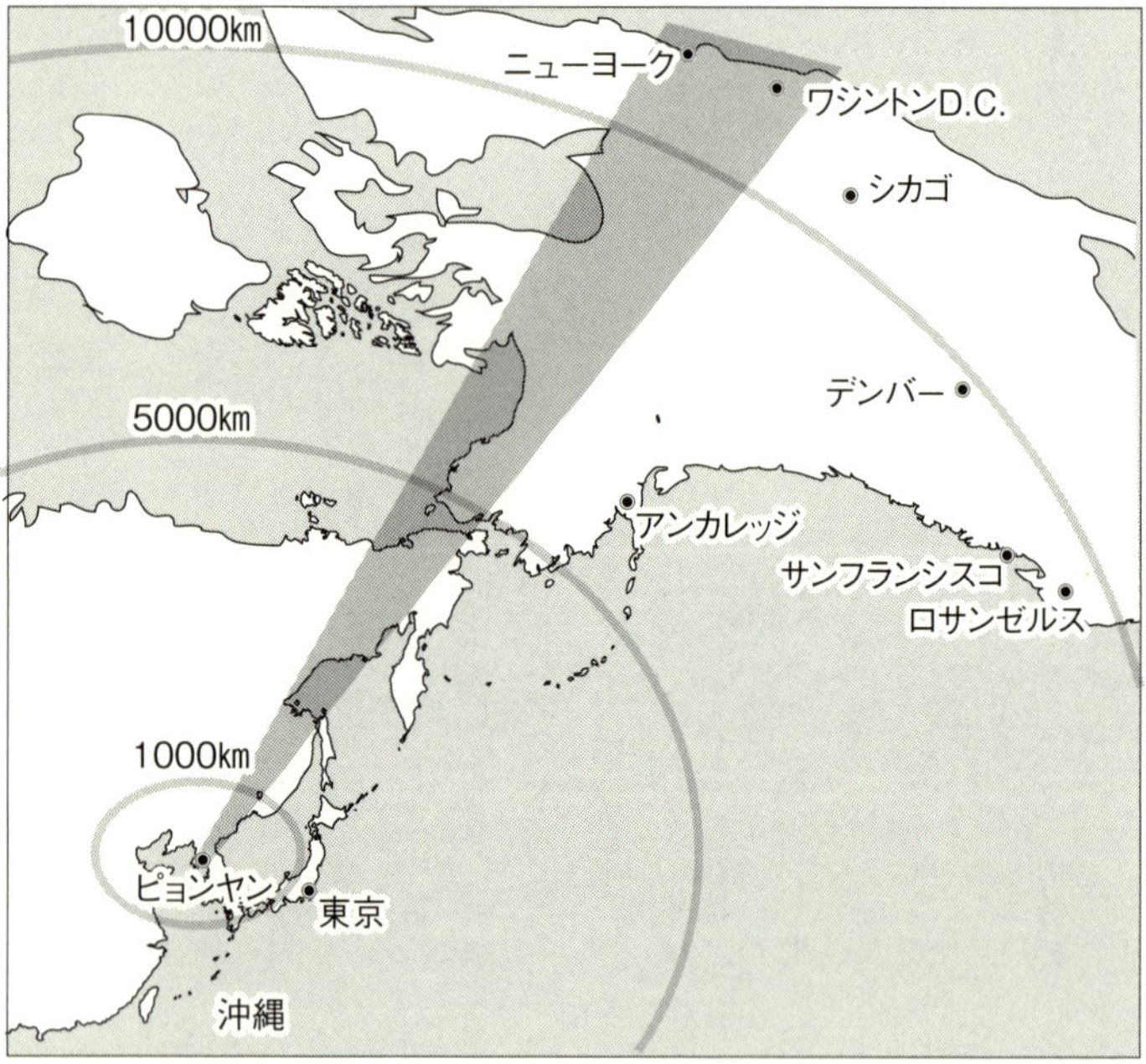

市もある。北朝鮮としてこのようなコースでの発射が実行可能だろうか。

　このケースで弾道ミサイルが日本付近の上空を通過する際の高度は一五〇〇km以上に達するため、今後配備される予定の改良型の迎撃ミサイルＳＭ３・ブロック２Ａでもこの段階での迎撃は技術的に困難と考えられる。

　ただしレーダーによる探知は可能なので米軍の監視網の一環として自衛隊が活動することは可能である。現在はＬＯＲ（ローンチ・オン・リモート）やＥＯＲ（エンゲージ・オン・リモート）の方式が開発されている。これは広範囲に配置した陸上あるいは艦載（イージス艦）のレーダーとデータを共有し、迎撃ミサイルの探知レーダーの有効範囲よりも遠くから探知・誘導を行う方式である。こうした方式によれば北米コースについても発射直後の上昇段階での迎撃は技術的にはありうる。しかしその迎撃は中国あるいはロシアの上空で行われることになり、前述の下段ロケットと同様に残骸が中国あるいはロシアの領域に落下するから事前に了解を必要とするが、そのような了解が可能だろうか。

経済面の被害

核弾頭が落下すれば甚大な人命の被害が生じ、かりに命は取りとめても短期・長期の健康の被害が生ずることは言うまでもない。それを経済損失として評価するとどのくらいの額に上るのであろうか。また人的損失以外に都市インフラをはじめ私有財産など物的な面でも甚大な損失が生じると考えられる。人命や健康を経済価値に換算するのは抵抗があるかもしれないが、核兵器の被害が日本の社会経済全体に対してどのくらいの影響を及ぼすのか、それは大規模な自然災害と比較してどのような位置づけになるかを知ることは、まさに国や自治体の義務である人命・財産の保護を考える際に参考となるであろう。

本書では算出の詳しい方法については省略するが、基礎となる数値は関連資料を参照していただきたい。[注25] 東京ドーム上空で核弾道が起爆した場合の人的・物的な損害を総括すると、合計で二八〇兆四一七〇億円の損失額となる。二〇一六年の日本の名目GDPは五五〇兆円前後であるから、このケースでの損失額は名目GDPの約五一％に達する。このほか為替レートの変動（急激な円安に向かうと考

表6—1　東京ドーム上空で起爆したケースの経済的被害の総括

人的損害	初期人的損害 死亡者数	40万702人
	初期人的損害 負傷者数	247万8980人
	後障害発生予想数	1805人
人的損害の経済換算	初期人的損害 死亡	180兆6124億円
	初期人的損害 負傷	1兆8344億円
	後障害発生	8155億円
物的損害の経済換算	民間資本ストックの毀損	25兆7128億円
	社会資本ストックの毀損	6兆3737億円
	個人所得の損失	11兆8185億円
	工業出荷額の損失	2兆9760億円
	商業販売額の損失	10兆2688億円
	固定資産の価値毀損	25兆6125億円
	東京都の被害による全国波及	14兆3920億円
以上の合計		280兆4170億円

えられる）と株価の急落が必然的に発生するはずであるが、これらが数量的にどのくらい影響するかは推定が困難なため今回は省略した。いずれにしても核被害は日本経済にとって壊滅的な打撃をもたらす。

この損害額は大規模な自然災害と比較してどのような位置づけに相当するのだろうか。東日本大震災の経済損失は内閣府の推計で概算として一六兆九〇〇〇億円との報告がある。[注26]ただしこの額は建築物・ライフライン（水道・ガス・電気など）・社会基盤（道路など）・農林水産関係・学校などを対象とした物的損失のみである。また総務省の資料によると、人的損失は死者一万九四一八人（行方不明者を除く）、負傷者六二二〇人となっている。[注27]かりに本書と同様の方法で人的損失に換算すると八兆七五七一億円に相当する。加えて東日本大震災を発端とした福島原発事故があり、人的損失を考慮しなくても二〇兆円を超えるとの報告もある。[注28]

また中央防災会議による首都圏直下型地震の経済損失の予想があり、減災対策が現状（試算時点）のままである場合、物的損失の直接被害が約四七兆四〇〇〇億円、全国の経済に対する波及影響が約四七兆九〇〇〇億円、合計で九五兆三〇〇〇億円としている。[注29]人的損失の推定としては建物倒壊による死者が最大約一万一〇〇〇人、火災による死者が最大約一万六〇〇〇人（建物倒壊・延焼などによる複合被害等を考慮すると最大約二万三〇〇〇人）、想定負傷者数が最大約一二万三〇〇〇人と推定しているが、[注30]本書の基準でこれを経済価値に換算すると一五兆四一六二億円に相当する。

これらの検討と比較すれば、核兵器による経済的な損失は大規模な自然災害をはるかに上回る額となると考えられる。また前述の外務省による検討では、都市インフラに対する被害のほか、人的損失・資本損失（過去の大規模自然災害の事例）、ネットワーク遮断による損失（サプライチェーン、情報通信ネットワーク、テロ・感染症）、金融市場の混乱による損失を検討しているが、具体的な経済価値には換算していない。

注

注1　前出・田井中雅人、一八八頁

注2　防衛省『防衛白書』平成二十九年版、八五頁

注3　山田朗、明治大学平和教育登戸研究所資料館編『陸軍登戸研究所〈秘密戦〉の世界』明治大学出版会、二〇一二年、七一頁

注4　外務省「核兵器使用の多方面における影響に関する調査研究について」http://www.mofa.go.jp/mofaj/dns/ac_d/page23_000872.html

注5　「原発攻撃　極秘に予測」『朝日新聞』二〇一一年七月三十一日

注6　『朝日新聞』二〇一七年七月七日、その他各社報道

注7　吉岡斉「福岡核問題研究会」二〇一六年四月二十三日資料

http://jsafukuoka.web.fc2.com/Nukes/resources/yoshioka3.pdf

注8　沸騰水型では燃料プール、加圧水型では燃料ピットと称されるが、いずれも機能は同じで使用済み燃料を水で冷却しながら保管する設備である。

注9　経済産業省「東京電力株式会社福島第一原子力発電所及び広島に投下された原子爆弾から放出された放射性物質に関する試算値について」二〇一一年八月二十六日

http://dl.ndl.go.jp/view/download/digidepo_6017196_po_20110826010-2.pdf?contentNo=2&alternativeNo=

注10　西原健司・岩元大樹・須山賢也「福島第一原子力発電所の燃料組成評価」日本原子力研究開発機構成果報告書、JAEA-Data/Code 2012-018、二〇一二年九月より推定

http://jolissrch-inter.tokai-sc.jaea.go.jp/search/servlet/search?5036485

注11　未使用の燃料は人間が直接取り扱っても重大な被ばくを起こさないレベルの放射線量であるが、いったん炉内に挿入して発電に使用した燃料は、遮蔽（水中）なしで人間が接近すれば急性死レベルの放射線量を放出する。

注12　原子力規制庁「独立行政法人日本原子力研究開発機構再処理施設における潜在的ハザードに関する実態把握調査報告書」二〇一三年十二月　https://www.nsr.go.jp/data/000047745.pdf

注13　第一八九回通常国会質問主意書第五五号「再処理工場における高レベル放射性廃液の危険性と六ヶ所再処理工場のアクティブ試験の審査に関する質問」（二〇一五年三月二日）に対する答弁

http://www.sangiin.go.jp/japanese/joho1/kousei/syuisyo/189/touh/t189055.htm

注14　前出・福島原発事故独立検証委員会「調査・検証報告書」八頁

注15　政府統計の総合窓口・統計表検索（二五〇メートルメッシュデータ）　http://e-stat.go.jp/SG2/eStatGIS/page/download.html

国土数値情報ダウンロードサービス（土地利用状況など）　http://nlftp.mlit.go.jp/ksj/index.html

住宅・土地統計（市町村ごとの住宅建方別データなど） http://www.stat.go.jp/data/jyutaku/
市町村・小地域ごとの経済センサス基礎調査 http://www.e-stat.go.jp/SG1/estat/List.do?bid=000001032229&cycode=0

注16 東京都主税局都税税務情報（固定資産価値の推定等） http://www.tax.metro.tokyo.jp/tokei/tokeih27_shunyu.htm
東京都経済センサス基礎調査 http://www.toukei.metro.tokyo.jp/ecensus/kzsensus/2014/kz14t10000.htm
高岡良一ほか「『国民保護計画』をより有効に機能させるために 第三回」『自治体チャンネル』二〇〇七年三月号 http://www.mri.co.jp/NEWS/magazine/local/2007/__icsFiles/afieldfile/2008/10/21/20070301_bsc05.pdf

注17 高岡良一ほか「『国民保護計画』をより有効に機能させるために 第二回」『自治体チャンネル』二〇〇七年一月号 http://www.mri.co.jp/NEWS/magazine/local/2007/__icsFiles/afieldfile/2008/10/21/20070101_bsc03.pdf

注18 厚生労働省ウェブサイト「急性曝露ガイドライン情報」 http://www.nihs.go.jp/hse/chem-info/aeglindex.html

注19 「戦略軍火星砲兵部隊の弾道ロケット発射訓練」『朝鮮中央通信』二〇一七年三月七日 http://www.kcna.co.jp/calendar/2017/03/03-07/2017-0307-001.html

注20 米国国防総省ウェブサイト https://www.defense.gov/News/Article/Article/1145665/us-strike-desi/

注21 https://www.jimin.jp/election/results/sen_shu48/political_promise/manifesto/01.html

注22 首相官邸「安全保障の法的基盤の再構築に関する懇談会（第三回）」 http://www.kantei.go.jp/jp/singi/anzenhosyou/dai3/siryou1.pdf

注23 福好昌治『平和のためのハンドブック 軍事問題入門』梨の木社、二〇一四年、五六頁

注24 『平成二九年版防衛白書』八六頁

注25 朴勝俊「原子力発電所の過酷事故に伴う被害額の試算」『国民経済雑誌』一九一巻三号、一頁、二〇〇五年三

注26　月、兒山真也『持続可能な交通への経済的アプローチ』日本評論社、二〇一四年、三三頁、東京都経済センサス基礎調査　http://www.toukei.metro.tokyo.jp/ecensus/kzsensus/2014/kz14t10000.htm等による

注27　内閣府「東日本大震災における被害額の推計について」二〇一一年六月二十四日
http://www.bousai.go.jp/2011daishinsai/pdf/110624-1kisya.pdf

注28　総務省「平成二十三年（二〇一一年）東北地方太平洋沖地震（東日本大震災）の被害状況（平成二十八年三月一日現在）」二〇一六年三月八日　http://www.fdma.go.jp/neuter/topics/houdou/h28/03/280308_houdou_1.pdf

注29　たとえば中野洋一「福島原発事故と経済的損失」『九州国際大学社会文化研究所紀要』七五号、二〇一五年、三五頁

注30　中央防災会議首都直下地震対策検討ワーキンググループ「首都直下地震の被害想定と対策について」二〇一三年十二月　http://www.bousai.go.jp/jishin/syuto/taisaku_wg/pdf/syuto_wg_siryo03.pdf

中央防災会議首都直下地震対策検討ワーキンググループ「首都直下地震の被害想定と対策について（本文）」二〇一三年十二月　http://www.bousai.go.jp/jishin/syuto/taisaku_wg/pdf/syuto_wg_report.pdf

第七章　避難はできるのか

避難に関するしくみ

自然災害・原子力災害・武力災害いずれも何らかの避難が必要となるが、各々の性格は大きく異なる。原子力施設の事故は、緊急事態には違いないが放射性物質の発生源は地理的に固定されており、可能なかぎり関係者が現場にとどまって収束作業に努力し、十分とは言えないまでもあるていど避難に必要な情報が提供される。「敵」がどこから、どのように攻撃してくるか予測がつかない「武力攻撃事態等」よりは不確定要素がはるかに少ない。災害の規模が大きければ自衛隊の活動が要請されるが、自衛隊は「敵」に対応する必要はなく救援に専念できる。

前述の「都道府県（市町村）モデル計画」では、武力攻撃事態等に際して自衛隊は、主たる任務である侵害排除の活動に支障がない範囲で国民保護措置を実施すると想定されている。これより自衛隊は国民保護措置（住民の避難など）に協力してもらえるかのようにも読めるが、それは期待できない。実際に武力攻撃事態に直面すれば、相手がよほど小規模・弱体ですぐに収束することが確実でもないかぎり、自衛隊は侵害排除に全力を投入するのが当然である。国民保護に必要な人員や資機材をあらかじめ取り置いた残りで戦闘行為を行うような選択は考えられない。「自衛隊は国民保護活動は原則として行わない」と解釈するほうが自然である。武力攻撃事態等における避難のしくみを図7―1に示す。

戦時国際法には、戦闘組織の構成員（軍人）あるいは部隊であっても、国民保護措置に専念して戦

図7—1　避難に関するしくみ

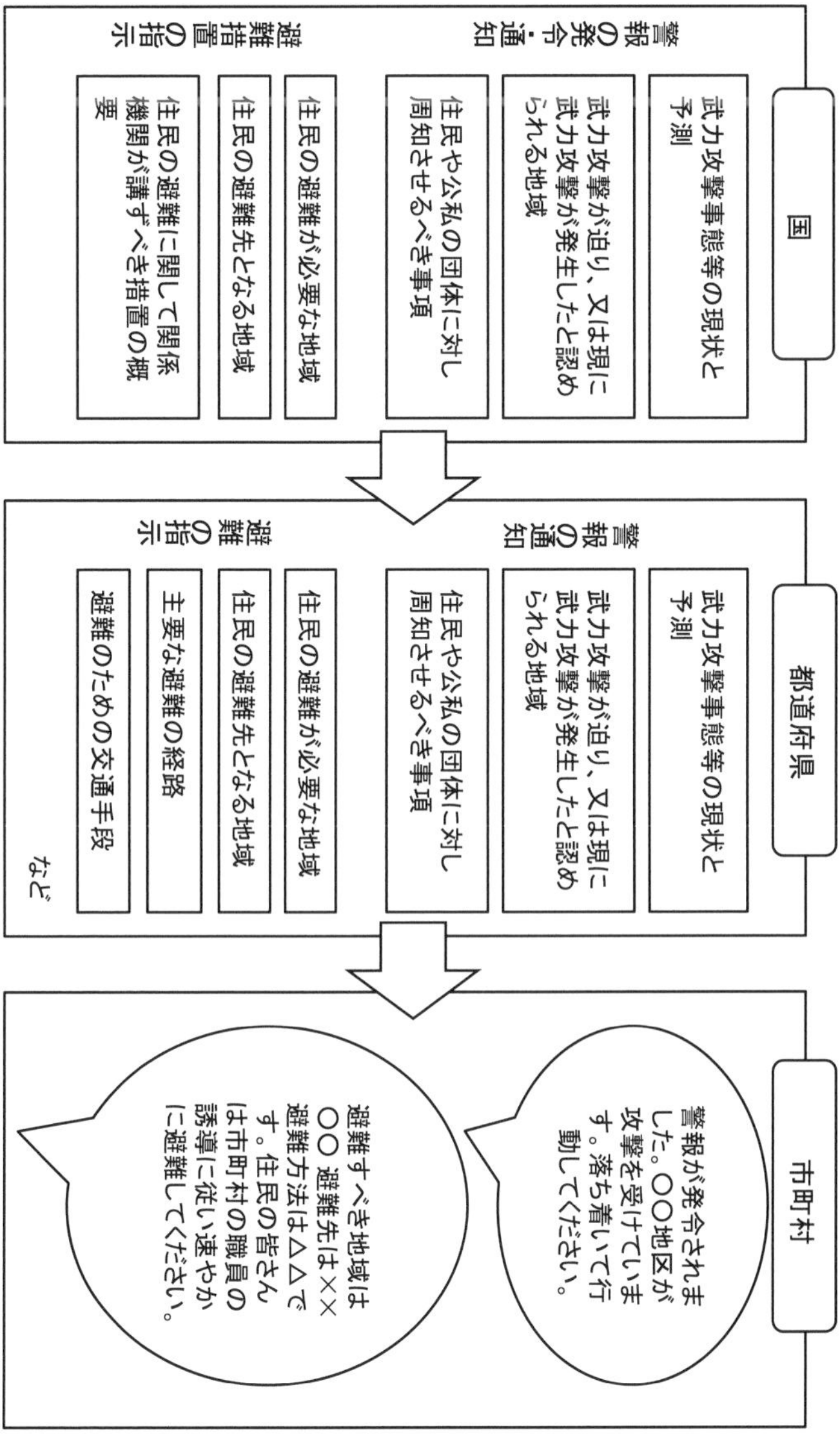

闘に従事しないことを示す標識などを以て明確に戦闘員と区別されている場合には、相手方はこれを攻撃してはならないとする規定がある。よく知られる「赤十字標章を付けた車両・船舶や設備への攻撃禁止」の規定と同じ趣旨である。しかしこの規定は、相手が国家に属する正規軍の場合には通用する可能性があるとしても、国家に属さない武装集団やテロ組織にはまず期待できない。実際の武力攻撃事態として相手側の正規軍の大部隊が上陸する可能性は乏しく、かりにあるとすれば武装集団やテロ組織の可能性が高いであろう。

避難準備や情報伝達・安否情報

適切な避難には適時・確実な情報伝達が不可欠であることは言うまでもない。しかし「防災行政無線が聞こえない」というトラブルは過去の災害時にたびたび発生しており、福島原発事故の際にも指摘された。前述のように「Jアラート」は自治体の防災行政無線の拡声器による警報音の吹鳴とメッセージ放送、そのほか個人の携帯通信機器への自動配信も可能になっているが、事態の始まりを伝えるだけで、その後の具体的な避難情報は何も提供されない。福島事故に際しては周辺の各市町村に対して統一した避難情報が提供されず、住民どころか市町村の担当者でさえ国からの避難指示の発令を「テレビで知った」「隣町の防災放送で知った」など混乱した状態であった。[注1]

二〇一八年三月十四日午前、Jアラートの一斉訓練が実施され試験放送が行われたが「聞こえない」「一部聞こえたが何を言っているのかわからない」という通報が多数寄せられている。[注2]かりに聞こえたとしても、前述のように弾道ミサイルの場合には着弾の瞬間に関する注意のみであり、その後の対処は全く不明である。もし核弾頭であれば防災行政無線の設備そのものが破壊される可能性も高い。いずれにしてもJアラートは武力攻撃事態等だけではなく自然災害の緊急情報の提供にも使用されるのであるから、聴取困難の問題については早急に改善を検討しなければならない。

　福島原発事故に際しては、事態の進展につれて住民が避難所を転々とするなど多くの問題が発生したことはよく知られているが、当時は原発以外の事故でもさまざまな問題がみられた。地震に起因して発生した千葉県市原市におけるコンビナート火災爆発事故では住民に対して避難勧告が発出されたが、最初に避難した小学校の窓ガラスが爆風で割れて住民は二次避難を強いられた。これは自治体の指定している避難所の多くが地震を想定したものであって、武力攻撃事態のように大きな爆発を伴うような状況を想定したものではないためである。

　さらに同市の事例では、避難勧告の対象となったのは三万六三六七世帯・八万五〇二四人であったが、実際に避難したのは一一四二人であった。結果的に近隣住民に人的被害はなかったが、これは偶然の結果にすぎない[注3]。住民の立場からみると、余震が続く中、ただでさえ不安を抱えて避難所に集合したところ、コンビナートの爆発で窓ガラスが割れるという恐怖の追い打ちは耐えがたいものであったと思う。コンビナート災害に対してはもともと「石油コンビナート等特別防災区域」が設定されているが、火災・爆発の規模が想定外に大きくて区域を超える影響が発生した。

　内閣府の「国民保護ポータルサイト」では、全国で利用できる避難施設をリストアップし、構造や利用可能性（コンクリート造・二四時間避難の可否・地下避難可否）とインターネットの地図情報を提供している。[注4]たとえば東京二三区内では一七七六施設が指定されているが、これらは通常の公立学校・福祉施設・文化施設などであり、核爆発や放射線に対して考慮されているわけではない。二四時間避難可能な施設は一〇カ所のみ、かつ地下避難可能な施設は六カ所のみである。公務員ではない町内会等が鍵を管理している施設などもあり、即時の対応が求められる避難施設として利用の現実性が乏しい。東京都で初めて弾道ミサイル着弾を想定して訓練を実施した文京区には、二十四時間対応や地下施設に該当する避難所は一つもない。

実際に武力攻撃事態等が発生した場合、安否情報の確認は大きな課題となる。国民保護法制定の過程では「武力攻撃事態等における安否情報のあり方に関する検討会」[注5]も開催されている。しかし課題を列挙したていどで具体的な方策は提案されていないようである。過去には緊急対処事態に相当する地下鉄サリン事件、また事件性はないとしても大規模な航空事故・船舶事故・鉄道事故はいくつか事例があるが、そのつど安否確認は大きな課題となっている。

現実の避難に関しては、住民は指示が発出されたからといって着のみ着のままで動きだすことはできない。戦後の日本では幸いにもこれまで武力攻撃事態等の実例はないが、類似の状況として原発事故がある。避難が必要となった場合、二〇km圏外へ脱出するために必要な準備時間について、原発から半径四〜七kmの住民を対象に二〇一一年六〜七月の期間にアンケート調査を実施した例がある。[注6]回答として短い側では一時間以内が三九%、長い側では半日あるいはそれ以上が二三%等の結果となった。

また準備時間は持ち出す荷物の量との相関があり、予想される避難期間がどのくらいになるかにより大きく影響される。旅行カバンまたは段ボール箱に換算した荷物の量として、最も多いケースは〇〜三個であるが、条件によっては四個以上との回答もみられる。徒歩での避難では一個が限度であろう。それ以上の場合には自家用車の使用が不可欠となり、鳥取県の図上演習のようにバス等での避難とは整合性がない。鳥取県の図上演習では住民の退避が完了し地域が完全に封鎖されるところでシナリオが終わってしまい、その後に事態がどのように収束するのかは不明である。しかし現実の避難では事後の対処のほうがより重要である。

福島ではどうだったか

「武力攻撃事態等」が起きるまでもなく、われわれはすでに重大な緊急事態を体験している。それは言うまでもなく福島第一原発事故である。その福島第一原発事故で国（原子力担当部局、自衛隊）・県（警察、消防）・市町村（行政機関）がどのように機能し、情報がどのように伝達され、住民の生命・財産がどのように保護されたかという経緯をふりかえることによってさまざまな問題が抽出されると共に、これに「敵」という要素が加わったと想定すれば、「国民保護」がどのくらい機能する（しない）のか検討することができるであろう。

福島原発事故独立検証委員会「調査・検証報告書」[注7]には、福島第一原発から約七㎞の富岡町に居住していた住民の体験記が収録されている。[注8]住宅は標高四〇ｍほどの高台で津波の被害はなく、地震で建物が小破したが人身被害はなかった。しかし翌十二日昼過ぎ、突然防災無線を通じて町役場から

「福島第一原発が緊急事態になりました。町民は川内村役場[注9]（福島第一から約二二km）を目指して避難してください。マイカーで行ける人はマイカーで避難してください。近所の人も乗せてください。バスはそれぞれの集合場所から出ます」という内容の放送が繰り返された。自宅を出発した時点では周囲に他の車はほとんど見られなかったが、最終的に内陸部へ向かう県道三六号線に進入する時点では、周辺の車が集まり激しい渋滞に陥っていた。「近所の人も乗せて……」との防災放送は、少しでも渋滞を軽減するように富岡町の担当者が呼びかけたのであろうが、そのていどではとうてい間に合わない台数が動き出した。

また富岡町の養護老人ホームの施設長（福島第一原発から約七km）の体験談がある。[注10]地震当日は非番で自宅のある浪江町にいたが、十一日の夜は停電の闇の中で過ごし、翌日は家族を避難させてから職場に向かおうとしたところ、自宅前の道路には避難を急ぐ渋滞ができていた。驚いて隣近所の様子を見に行くと、前夜に申し合わせた「隣組の行動は一緒に」という言葉とは裏腹にどこももぬけの殻だった。進まない車を車道脇に乗り捨てて歩き始める者や、子どもの手を強引に引きながら小走りに歩く者など混乱をきわめていた。裏道を使ってたどり着いた妻の実家はすでに空で避難先の貼り紙が残っていただけだった。施設に到着すると大勢の入所者が移動手段もなく取り残されており、辛うじて避難用のバスを呼び寄せた後の状況が記録されている。[注11]

「どうやって身体が不自由な人たちを観光バスに乗せるのよ!?」

S［施設長］の脇から、顔を真っ赤にしたY［職員］が防護服の警官に食ってかかった。ガスマスクの奥には、四〇歳代の、湯気が立ちそうなくらいに紅潮した警察官の顔があった。

Sは Yをなだめ、自力で歩ける者や比較的軽度な利用者から順に、観光バスに誘導するよう話した。酸素ボンベをつけているなどの症状が重篤な利用者は、施設のワゴン車の座席を平らにして、酸素ボンベを可能な限り積み込み、看護師を帯同するよう手配を急いだ。

「とにかく早くしろ！　なんで早くできないんだ⁉　速く歩け！」

防護服の警官がよたよたと歩く利用者に声を張り上げる。その目には高齢者の姿など映っていない。自分が早く避難したいという意思がみえみえだ。職員は警察官の怒鳴り声に利用者が焦って転倒しないよう「ゆっくりでいいから」と声かけしながら誘導した。


以上は住民の側からみた避難状況であるが、市町村側の記録もある。市町村は無為無策で呆然としていたわけではない。地震・津波直後の災害対策本部立ち上げ、被災者の収容、避難所への集合など、原発対応の部分を除けば多くの市町村で日頃の備えが機能している。日本人は地震や津波に関しては多くの経験があり、何をすべきかについて一定の手順と心構えができていたからであると考えられる。しかし原発の緊急事態や市町村の全域避難が必要となるような放射性物質の放出は経験がなく、地震・津波の対応で手一杯のうちに原発では緊急事態が進行していた。

富岡町では避難が完了するまでに丸五日が経過し、結果的に放射線量が最も高い時期に現場周辺にとどまらざるをえなかった。町には福島第二原子力発電所から東電社員二名が派遣されてきたが、十二日夜半以降、福島第一原発とは電話がつながらなかった。「福島第一原発がベントをするかもしれない」という情報が入ったが内容が分からなかった。ファクシミリが壊れて原発とは電話による音声でのやりとりしかできず、今後の状況を判断できるほどの情報は得られなかった。そのほか記録によると、第二原発の北に隣接する楢葉町では東電社員から情報を独自に入手し、いわき市（南方向）に避難を開始した。ところが南に隣接した広野町には情報がなく、町内の国道を南下する異常な車両台数に驚いた住民からの目撃情報が寄せられたという。[注12]当時は周辺の各市町村に対して統一した避難情報が提供されず混乱した状態であった。

また南相馬市では三月十四日の二二時近く、自衛官が市役所に現われ「原発が爆発する。避難してください」と警告した後、そのまま立ち去った。さらに同日の夜中、同市内の避難所にも自衛官が現われ「自分たちは、これから引き揚げます。原発が非常に危険な状況にあると思います」と警告して立ち去った。[注13]いずれも口頭での警告のみであり住民の避難に対しては何の具体的な対応もなかった。

その一方で前述の体験記によると、町の避難指示（三月十二日）の前夜から自衛隊・消防・東電関係者が情報源と思われる私的連絡（携帯電話等）により避難が呼びかけられており、これを受けて自主避難を開始した住民もある。[注14]一方で南相馬市の住民からは、屋内退避のため「外へ出るな」「窓は開けるな」という指示に従ったために、市の広報車の情報が聞こえなかったとの証言もある。また川内町では、家族が警察に勤務している人が逃げると聞いて個人判断で避難したとの証言もあり、[注15]十六日の一六時には住民を残して県警が先に撤退している。[注16]

自衛官や警察官は各々の指揮系統に従って行動したまでであり、現場の独断で撤退したわけではないが、結果として住民の避難に関するかぎり国や県と連携した行動はみられなかったことになる。避難者が地域単位にまとまって同じ避難先に向かおうとしていたところ、現場の警察官がそのような認識なしに交通整理を行ったために、同じ地域の避難者が異なる避難所に散在する結果を招く事例も発生した。

原発事故でさえもこのような状態であるから、これが「武力攻撃事態」となった場合、当然ながら自衛隊は敵の制圧・阻止（国民保護法の用語では「侵害排除」）が優先任務となるから住民の避難を支援する余裕はおそらくないだろう。逆に道路の優先使用や遮断など避難を制約せざるをえない状況も起こる。[注17]また緊急事態に際しては、やむをえないことではあるが、自衛隊や警察が組織として機能するためには自己の組織・体制の維持・保全が優先課題であり、住民の避難は優先されないことも理解しておくべきであろう。

地方都市での避難シミュレーションと評価

「武力攻撃事態」が発生した場合には、規模の大小はあるとしても当該地域の全住民が避難の対象とならざるをえない。しかし全住民を対象にして実動の避難訓練を行うのは困難であるから、いくつか図上演習・シミュレーションが試みられている。二〇〇三年十月に鳥取県では国民保護法を先取りして、武装工作員の侵入との想定で図上避難訓練を行った。[注18]図上演習には県の防災関係者・各部局代表のほか、陸上自衛隊連隊長、また市町村のモデルケースとして岩美町長・同消防団長が参加している。事態の背景としては以下のように設定された。

二〇XX年、アジア太平洋地域では、大量破壊兵器の拡散をめぐり、安全保障上の緊張が高まり、我が国に対してA国が、軍事力による事態解決も辞さないという宣伝を行っていた。日本海ではA国の工作船と考えられる不審船が、活発な活動を行っていた。またA国では、予備役の動員を開始した。国内では武装工作員の対処を目的に、警察と海上保安庁による警戒警備活動が強化された。不測の事態に備え、自衛隊は沿岸部を中心として、警戒監視体制を強化した。九月十一日午前一〇時この事態を受け、政府では、武力攻撃予測事態が認定され、対処基本方針が閣議決定された。自衛隊には、防衛出動待機命令が発せられた。

自衛隊が沿岸部の警戒監視体制を強化しているにもかかわらず特殊部隊の上陸を看過し、県東部の山中に潜伏中との状況から始まる想定もいささか不自然の印象を受けるが、時間経過としては次の表7―1のとおりである。

日本海に面した各府県では、以前からたびたび密入国・密輸事件はもとより拉致事件が発生しているうえ、能登半島沖不審船事件（一九九九年三月）・九州南西海域工作船事件（二〇〇一年十二月）などを目前で体験していることから、この種の事案に関心が高いことは理解できる。しかし事態の背景が「大量破壊兵器の拡散をめぐり安全保障上の緊張が高まり」としているのに、「A国」の行動が武装工作員を上陸させ京阪神地区の重要施設を攻撃するという想定は不自然である。そもそも侵攻装備品の発見と発砲事案の発生だけでなぜ目標が京阪神地区とわかるのだろうか。

表7―1　鳥取県訓練の時間経過

時間経過		内容
9月11日	11時	政府対策本部発表第1号「警報」発令 学校は休校、自宅待機
(待機状態)		
9月18日	0時55分	小型潜水艦その他の侵攻装備品を発見 不審者目撃、発砲事案が発生
	7時	政府は「武力攻撃事態」を認定
	7時30分	自衛隊専用道路3本を交通規制
	8時	政府は関係都道府県に対し避難措置の指示
	8時10分	県国民保護対策本部を開設 鳥取県東部12市町村・22万4000人に避難措置の指示を発出 交通規制等の開始 ※自衛隊より報告・A国の特殊部隊が県東部の山中に潜伏中の模様、京阪神地区の主要施設への攻撃を企図と予想
	8時30分	岩美町国民保護対策本部設置
9月20日		道路交通規制強化 空域規制強化(民間機飛行禁止)
9月22日	11時	岩美町避難ほぼ完了 所在不明者・避難遅延者26名
9月22日	12時	岩美町長・消防団長ほか関係者退去 兵庫県境検問所設置、封鎖

しかも住民を兵庫県と岡山県に避難させるとしている以上は、武装工作員の活動が鳥取県東部だけで収束することが前提で兵庫県や岡山県には影響がないと想定していることになるが、これも現実性に欠ける。

すなわち「武力攻撃事態」のうち着上陸侵攻・弾道ミサイル・航空攻撃では「鳥取県東部」で収まらないシナリオになるので、検討の都合上からゲリラ・特殊部隊のケースにとどめたのではないか。しかし「敵」がもし本当に存在したとすれば日本側の都合に合わせて行動するはずがなく、むしろ日本側の対応が困難な方策を選んで行動するであろうから、訓練の前提も現実性は乏しいと言わざるをえない。

次に避難者の移動についてはどうであろうか。移動手段として独自に自家用車で動かず市町村の指示に従うように呼びかけるとしているが、全国に周知徹底することは難しく、避難指示の発出後の短時間に特定の道路に交通が集中することによる渋滞も懸念されている。最終的に政府の避難指示発出から避難完了まで約一〇〇時間かかると試算されている。なおこの時点でもまだ所在不明者・避難遅延者が残っている。避難開始以降の詳細なタイムラインは資料に示されていないが、移動に関しては次のような検討がなされている。

○避難の経路

［自衛隊用］国道五三号河原町以南、国道三七三号、国道二九号

［避難用］兵庫県境までの国道九号、国道一七八号、国道四八二号

○バス輸送計画

大型・中型バス三五二台所在、県で一括して借り上げ全車両を東部地区の避難に投入

合計一日あたり述べ一六八〇台で約五万人が避難可能とした

○鉄道輸送計画

ＪＲ西日本等で合計一日あたり延べ約六万三〇〇〇人が避難可能とした

○航空輸送計画

一時間あたり最大四機、七三七―二〇〇型を想定し一便二〇〇人搭乗

合計一日あたり延べ約一万五〇〇〇人が避難可能とした

鉄道やバスは、車両が確保されたとしても従業員がいなければ運行できない。国民保護法では鉄道・バスなど交通事業者は「指定公共機関」とされている。原子力事故の場合は交通事業者の従業員も一般公衆とみなされるので避難業務への従事は強制されない。[注19]これに対して武力攻撃事態等では従業員にも従事義務が生じる。しかし制度的には決められていても実務的に対処できるのかはきわめて疑問である。

筆者は二〇一四年以降、原発事故（原子力緊急事態）に関して立地道府県の避難シミュレーションを一覧的に検討している。[注20]そこで得られた知見から改めて評価すると鳥取県のシミュレーションにおける移動計画は現実的でない。「県で一括して借り上げ」となっているが、実際にバスが必要になった時に、各々のバスが都合よく避難住民の集合場所に待機しているはずはないので八方手を尽くして召集することになるが、各対象市町村に登録されているバスの全数が召集できるとは考えられない。路線バスは運行ダイヤに従って、観光バスは契約者の指示に従って散在している可能性が大きい。運転士についても同様である。

当該市町村だけでなく県あるいは他県からも召集する努力はなされるであろうが、要求される時間内に必要な台数が集まるとは考えられない。福島第一原発事故の際の浪江町の事例では、町内に車両登録としての「バス（大型旅客自動車）」が九五台あるにもかかわらず、実際は手を尽くしても数台しか集められなかったという。[注21]さらに武力攻撃事態に特有の制約が加わる。原発事故ならばバスが足りなければ自衛隊に応援を要請することが可能であるが、「敵」が侵攻しているときにそのような要請は考えられない。福島原発事故に際しての記録では、第一原発から約一〇㎞の福祉施設において、約二五〇名の高齢者・入院患者の避難のために観光バス会社に依頼してバスを手配したものの、三〇km圏外に出るだけでも九~一〇時間かかり、施設の利用者の他に一般の住民に対してもピストン輸送をしなければならない状況から、いつまで待ってもバスは来なかった。[注22]これに「敵」の要素が加わったらどのような事態になるか想像もつかない。

また避難手段として「鉄道」も挙げられているが、実際の緊急事態に際して鉄道の利用は現実的ではない。しかも鳥取県東部では兵庫・岡山方面に接続する鉄道路線は非電化・単線で輸送力は少ない。地方都市周辺では平常時の全交通手段に占める鉄道の分担率は一~二%程度であり、町村部ではさらに低い。鉄道事業者もそれに応じた設備しか保有していないので突発的な大量輸送手段としては期待しにくい。そもそも武力攻撃事態等の状況下では鉄道の正常な運行が期待できないであろう。鉄道の運行方式は自動車とは全く異なり、非常時といえども単線区間での行き違いなど運行計画(臨時ダイヤの設定など)に従って運行する必要がある。手近の車両を呼び集めて現場の個別判断で運行することはできない。しかも鉄道を利用するためには避難者が駅に集合しなければならないが、福島の事例のように避難所に行くまでに町内渋滞が発生したことを考えると、駅に集合すること自体も困難であろう。また電化された鉄道は停電すれば運行できないのでむしろ脆弱である。

大都市での避難シミュレーションと評価

鳥取県の図上演習は地方都市ないしは農村部を対象地域としているが、一方で大都市圏ではどうであろうか。二〇〇五年十一月に「戦争非協力自治体づくり研究会」では東京都国立市を事例に、市内に弾道ミサイル（通常弾頭）が着弾したとの想定でシミュレーションを実施した。ただし図上といえども市民全体（当時で約七万四〇〇〇人）を全部動かす想定はとうてい現実的でないと考えられ、移動する対象を避難時の要配慮者（障害者・高齢者など移動に支援を必要とする住民）に限定して、地域内の避難所（一次避難所）に集合するまでのいわば最低限度のシミュレーションを行った。[注23] なお要配慮者に該当する条件の市民は約九〇〇〇人であるが、障害の程度が軽い人は自力で移動するなどの条件を勘案し、移動に際して介助を必要とする人数は約四〇〇〇人と設定した。また幼児・児童も要配慮者にあたるがシミュレーション上は除かれている。

前述のように有事法制で想定する「武力攻撃事態」「緊急対処事態」の各パターンのうち、大都市圏である国立市にいずれを適用すべきかとなると、主催者らも述べているように現実性の付与という面ではいささか苦慮している。しかし何らかの前提を設けなければシミュレーションはできないので、次のシナリオが採用された。

アメリカの対アジア政策とアジア地域におけるアメリカ軍の行動の結果、域内で軍事的緊張が高まり、政府は、軍事衝突の可能性が高まり、海外でアメリカ軍と協力する自衛隊にも武力攻撃の恐れがあるとして、武力攻撃事態法による「武力攻撃予測事態」を宣言した。この段階では日本本土への攻撃までは予想されなかったが、各自治体とも、事態の変化などに備えて二四時間の連絡体制をとることが要請された。二日後、木曜日の正午前、弾道ミサイルによる日本本土への攻撃が行われ、数十発の弾道ミサイルが日本各地の米軍基地および自衛隊基地などに向け発射された。ミサイル発射はレーダーで探知され、政府は直ちに空襲警報を発令した。警報伝達直後、ミサイルの多くは、その精度の低さから目標となる軍事目棟などをはずれ、周辺地域等に落下、JR国立駅南口近くにも、その一発が着弾した。その後も、アメリカ軍・自衛隊の激しい反撃の間隙をぬって、弾道ミサイル攻撃は散発的に繰り返された。

「Jアラート（全国瞬時警報システム）」はシミュレーションの時点では開発中であり「空襲警報」と表現されているが、役割はJアラートと同じである。その他の状況は現在と大きく変わるところはない。携帯電話等に対する緊急速報メール等は想定されていない。「なぜミサイルが国立市に着弾するのか」という理由は説明に苦慮するところであるが、米軍（横田基地）・自衛隊（立川基地）を狙ったミサイルの精度が低く外れ弾が国立市に着弾したとしている。弾道ミサイルに搭載された弾頭はＮＢＣではなく通常弾頭と想定されている。そうすると、軍事的緊張の高まりを背景として米軍・自衛隊基地に向けて某国（シミュレーションでは特定の国を想定していないとしている）から弾道ミサイルが多数発射されたとの想定であるが、攻撃する側からみると通常弾頭を弾道ミサイルで発射する方式では費用対効果がきわめて低い。かといって核弾頭であれば、かりに小規模の威力であっても東西二㎞・南北四㎞ていどの国立市は一瞬で壊滅してそもそもシミュレーションの意味がない。このように現実と整合性のある設定は困難ではあるが、シミュレーションの全体の推移を抜粋して示すと以下の表7―2のようになる。

表７―２　国立市避難シミュレーションの時間経過

時間経過		内容
事態発生2日前	16時00分	軍事的情勢から政府は「武力攻撃予測事態」を宣言、対策本部を設置
	16時30分	政府記者会見、自衛隊の呼集、警察による警戒態勢施行、一部道路規制など
	19時00分	国立市では対策本部設置の指示に備える その他手順の確認、関連団体との連絡調整
前日		市民生活は平常どおり 交通規制等が行われる
当日	11時51分	弾道ミサイル発射を探知、飛来方向の推定
	11時51分	空襲警報（Ｊアラート）起動
	11時57分	放送による警報、避難呼びかけ
	12時00分	ＪＲ国立駅南口付近で爆発を感知
	12時20分	自衛隊が活動を開始
	12時30分	国はミサイル攻撃を認識し、全都道府県・市町村を国民保護対策本部を設置すべき自治体として指定 国立市は情報収集・避難準備に努める 道路交通の混乱が始まり徒歩以外での移動は困難に 屋内退避指示は継続
	15時00分	ＮＢＣ兵器でないことが確認され救助・避難活動の開始
	17時00分	国立市は被災住民支援の徹底・要配慮者避難の実施・被害復旧策の検討
	17時30分	要配慮者避難の準備開始
	19時00分	訪問調査開始
	21時00分	避難所の開設
翌日		安否・避難意志確認の済んだところから順次避難開始 介助が必要な人に車両差し向け
	23時00分	避難完了

避難に注目すると、着弾当日二一時〇〇分から避難の開始・避難所への集合が始まるが、要配慮者の介助は個別対応にならざるをえないのでこの部分に時間がかかり、職員等一〇〇人体制で行うと想定したが、避難完了には翌日二三時〇〇分まで、二六時間を要する結果となった。なおこれらには道路交通の混乱などは考えず、また警備や防衛任務に伴う通行規制、事態の推移が予測しがたいことに起因する人々の心理状態の影響など考えうる遅延要因は無数にあり、要配慮者（の一部）が地域内の一次避難所に集合するだけの行動に限定したとしても対応はきわめて困難と評価されている。もっとも四〇〇〇人に対して二六時間という推定でもかなり楽観的であると思われる。茨城県東海村のJCO臨界事故（一九九九年九月）に際して実際に住民の移動が発生した状況をみると、避難要請の範囲が約三五〇m四方、対象住民が二六五名という避難の規模に対して、村内の避難所に集合が完了するまで事故発生から約一〇時間、村による避難要請の発出からでも五時間かかっている。[注24]東海村でも国立市のシミュレーションと同様に、個別の安否確認に時間を要した。

また政府の「保護指針」では、公共交通機関が乏しい地域、原子力事業所に近接している地域などを別とすれば、避難者数の多さからして自家用車の使用は困難と予想している。[注25]また大都市では、ことに核弾頭であるとすれば爆心近くでは道路も自動車も使用不能となり、被害範囲に存在する人数の多さからみても避難は徒歩によらざるをえない。群衆が歩く速度は混雑の度合いにより影響される。空いていれば自分の好きな速度で歩けるが、次第に混んでくるとラッシュ時の駅や地下道などで観察されるように他の人との干渉から速度が低下し、ついには詰まって動かなくなる。東日本大震災でも都心からの徒歩帰宅者における「歩道渋滞」が発生した。その関係は工学的に推定式[注26]が提示されている。歩行速度が約〇・七m／秒のときに通過可能な交通量が最大になる。すなわち群衆がこの速度で整然と歩くことができれば最短時間で最大の人数が避難できることになるが、実際にはさまざまな変動要素があり通過可能な交通量は理論値よりは減少する。前述の文京区に着弾したケースで平日の昼間を仮定すると、半径一〇㎞圏に存在する者のうち急性死者を除いた避難者は合計一〇六五万人に達するが、これらの人々が半径一〇㎞圏外に脱出するのに必要な時間は一五〜三〇時間と推定される。なお核爆発時の対処では、すぐに移動せず残留放射線（第五章）が減衰するまで待つほうがよいとされているが、その時間は考慮しておらず爆発後すぐに移動を開始したとして、単に半径一〇㎞圏に出るまでの時間である。しかも水・食糧・医療など必要な支援が得られなければ、ただ移動するだけでは安全は得られない。それだけの人々がいったいどこを目指して「避難」するのかさえ見当がつかない。現実の避難は不可能と考えるべきであろう。

注

注1　東京電力福島原子力発電所事故調査委員会「国会事故調報告書（国会事故調）」二〇一二年九月、三六一頁

注2　Jタウンネット東京「Jアラート試験放送に『さっぱり聞こえない』の声多数」http://j-town.net/tokyo/column/allprefcolumn/257365.html?p=all

注3　山下博之「巨大地震発生時の大規模コンビナート災害にどう備えるか？—石油コンビナート防災と地域防災をつなぐ基礎自治体の役割—」『自治体危機管理研究』№一九号、二〇一七年三月、四四頁

注4　内閣官房国民保護ポータルサイト「避難施設の指定」（二〇一七年四月現在）

注5　http://www.kokuminhogo.go.jp/hinan/index.html
総務省消防庁「武力攻撃事態等における安否情報のあり方に関する検討会」

注6　http://www.fdma.go.jp/neuter/topics/fieldList2_1_5.html
岩佐卓弥・淺田純作・荒尾慎司・山根啓典・野崎康秀・片田敏孝「住民意識調査を利用した島根原発事故時の避難シミュレーション」土木学会第六七回年次学術講演会、二〇一二年九月

注7　なおこの時点では「原子力災害対策指針」の改訂前であるため避難範囲を二〇㎞としたものと思われる。

注8　前出・福島原発事故独立検証委員会「調査・検証報告書」

注9　北村俊郎「特別寄稿　原発事故の避難体験記」前出・福島原発事故独立検証委員会「調査・検証報告書」二一一頁。
ただし福島原発から二〇㎞圏内（当初の「避難指示区域」）に川内村東部が、また三〇㎞圏内（当初の「屋内退避指示区域」）では全体が入ることになり、川内村からもさらに避難せざるをえないこととなった。多い場合には五〜六回移動した避難者もいる。

注10　相川祐里奈『避難弱者』東洋経済新報社、二〇一三年八月、二三〜二九頁。

注11　原文では実名であるがここでは事実関係の記述にとどめ仮名とした。

注12　全日本自治団体労働組合『原子力防災ハンドブック二〇一二年版』二〇一二年三月、三五頁

注13　前出・全日本自治団体労働組合

注14　北村俊郎「特別寄稿　原発事故の避難体験記」前出・福島原発事故独立検証委員会「調査・検証報告書」二一一頁

注15　同「国会事故調」三四九頁

注16　（旧）原子力安全委員会原子力施設等防災専門部会・防災指針検討ワーキンググループ（第一一回会合）参考資料二　旧原子力安全委員会の土屋智子委員が後日富岡町にヒアリングしたもの。　http://warp.da.ndl.go.jp/info:ndljp/pid/9483636/www.nsr.go.jp/archive/nsc/senmon/shidai/bousin/bousin2012_11/ssiryo3.pdf

注17　岡本篤尚「国民『保護』という幻想　対テロ戦争と『市民』の安全」『世界』岩波書店、二〇〇四年三月、五八頁

注18　岩下文広『国民保護計画をつくる――鳥取から始まる住民避難への取組み』ぎょうせい、二〇〇四年、六一〜九〇頁

注19　各原発のサイトで地域の交通事業者にアンケート等が実施されている。たとえば新潟県「運転業務従事者への原子力災害時における業務従事に関するアンケート」二〇一六年十月　http://www.pref.niigata.lg.jp/genshi ryoku/1356853269630.html

注20　上岡直見『原発避難計画の検証』合同出版、二〇一四年をもとにその後の各道府県の変更等を修正

注21　前出・(旧) 原子力安全委員会原子力施設等防災専門部会・防災指針検討ワーキンググループ (第一一回会合) 参考資料三　http://warp.da.ndl.go.jp/info:ndljp/pid/9483636/www.nsr.go.jp/archive/nsc/senmon/shidai/bousin/bousin2012_11/ssiryo2.pdf

注22　前出・相川祐里奈、二三〜二九頁。

注23　前出・上原公子ほか、八七頁

注24　東海村「JCO臨界事故から一〇年を迎えて〜語り継ぐ思い〜」二〇一〇年八月等より抜粋

注25　前出「保護指針」、二三頁

注26　国土技術政策総合研究所・国総研プロジェクト研究報告第七号「道路空間の安全性・快適性の向上に関する研究」二〇〇六年二月、第三章　http://www.nilim.go.jp/lab/bcg/siryou/kpr/prn0007.htm

第八章　平和のためのミサイル知識

市民と専門知識

反核・平和運動に携わる人の多くは核やミサイルに関する技術的な内容には関心が乏しいように思われる。このため発言や著述でも事実誤認や不正確な内容がみられるケースが少なくない。たとえば迎撃ミサイルの有効性に関して「ピストルの弾をピストルの弾で撃ち落とすようなもの」という比喩が流布されているが、こうした観念的な説明では説得力に欠ける。議論のためには共通の基盤として技術的事項の基本を押さえておく必要がある。その重要性は脱原発運動に範を求めることができる。

原発を推進する側は「市民は知識がないから無用に原子力（放射能）を恐れるのであり、専門家が科学的に判断した結果に従えばよい」と言い続けてきた。福島原発事故がその説明を根底から覆したことは説明するまでもないが、日本の原子力発電の初期から多くの研究者・技術者の協力を得て市民が専門的知見を蓄積してきた。双方を結びつける「原子力資料情報室」[注1]そのほか非政府組織の活動も評価される。

その成果として、むしろ推進側が「何重にも担保された安全技術が開発され、実装されている」[注2]とか「放射線の影響はニコニコ笑っている人には来ない」[注3]にみられる情緒的な宣伝に依存せざるをえないのに対して、市民側が科学的・定量的な議論で応じる関係が常態となっている。福島事故の影響で二〇一五年八月から原発の再稼働が相次いでいるとはいえ、二〇一八年五月時点で物理的には再稼働可能な原子炉四〇基のうち、再稼働は八基にとどまり八基が廃炉（福島事故前から廃炉既定の分を除く）

となった。その背景には、市民側の専門的知識の蓄積を通じた情報発信や訴訟を通じて法的な立証にも耐える事実の指摘による効果が少なくない。

この関係は反核・平和運動についても同じである。「ピースデポ」[注4]「長崎大学核兵器廃絶研究センター」[注5]「核情報（原発関連も扱う）」[注6]などの活動が注目される。一方でインターネットや雑誌にはいわゆる「軍事マニア」の情報があふれている。ことに海外の軍事関係のサイトには日本国内の軍事サイトよりもはるかに詳細な情報が掲載され、中には該当国にとって都合の悪い情報もみられ「こんな情報の掲載を該当国の当局は黙認しているのか」と驚く場合さえある。内容は玉石混交であるが意味のある情報を取捨選択すれば平和運動にとっても役に立つ。

弾道ミサイルと巡航ミサイル

これまで北朝鮮が発射してきたミサイルのうち日本に到達可能な機種は「弾道ミサイル」である。なぜ「弾道」という名称かは後述する。これとは別に「巡航ミサイル」という手段もある。双方とも核弾頭の搭載は可能であるが、飛行方式が全く異なり使用目的も大きく異なる。「弾道ミサイル」は地上に落下する弾着点の精度が低く、米国・ロシアの最新型の弾道ミサイルでも半径一〇〇mていどにばらつくとされている。[注7]

かつて弾道ミサイルが登場した当初はその範囲が数kmにもばらつくため航空機（爆撃機）による投下よりもはるかに精度が低く、その誤差を補うために威力の大きな核弾頭との組み合わせを必要とした。技術の改良により現在の精度に到達したが、それでも米国・ロシアの最新型であっても縦横の寸法が数十ｍていどの特定の目標物（たとえば原発建屋）への命中は期待できない。北朝鮮の弾道ミサイルの精度の実態はわからないが、現時点では米国・ロシアのレベルに達しているとは思われない。

これに対して長距離からピンポイントで特定の目標物に命中させるには「巡航ミサイル」が使用される。従来の北朝鮮では巡航ミサイルの発射例がみられなかったが、二〇一七年六月八日に米軍の演習に対する示威行為として北朝鮮がミサイルを発射した際には「対艦巡航ミサイルの試験に成功した」と発表し、標的船に命中した画像を公開した。巡航ミサイルは言いかえれば無人飛行機の体当りであり、通常のジェット機と同程度の速度で空中を飛行する。弾道ミサイルとは全く飛行方式が異なり地形に沿って飛ぶなど進路の変更ができる。最終段階まで誘導するので特定の目標物に命中させることが可能である。物理的には旧日本軍の「特攻機」と全く同じであり、誘導システムの技術が未発達であった時代にその役割を人間が担ったことに相当する。また二〇〇一年九月十一日に米国で発生した同時多発テロで航空機を奪取してビルに自爆突入した事件も同様である。巡航ミサイルは特定の目標物に命中させることができるので通常弾頭でも効果が期待できる。

このほか超音速滑空体（ＨＧＶ）として、弾道ミサイルと巡航ミサイルの特徴を合わせた性格の機種が開発中である。これは飛行の前半が弾道ミサイル、後半が巡航ミサイルの性格を持つ。弾道ミサイルの弾頭部に搭載して発射され、途中で分離された巡航ミサイルの部分が大気圏に再突入する。既存の弾道ミサイルの弾頭はそのまま落下するだけで自ら軌道変更はできないが、ＨＧＶでは軌道変更が可能なため迎撃が困難となるとされている。現時点では米国・ロシア・中国・インドが開発中[注8]とされるが北朝鮮での開発は知られていない。核兵器を使用せずに相手の軍事目標を正確に破壊することを目的としており、核弾頭は搭載せず通常弾頭が前提である。この性格から都市攻撃に使用される可能性は乏しい。通常弾頭が起爆してもそれがたまたま人のいない広い公園・グラウンドなどであれば実際には大きな被害が発生しないこともありうる。「弾道ミサイルに通常弾頭」の組み合わせがかりに用いられるとすれば、物理的な効果よりも威嚇などを意図したものとなるであろう。しかし通常弾頭といえども相手側の領域に着弾させてしまえば報復・反撃を招いて「差し引き」で損になることは確実なので、弾道ミサイルと通常弾頭の組み合わせが使用される可能性は乏しい。

弾道ミサイルの飛行方式

日本に着弾する可能性の高い弾道ミサイルは、ＩＣＢＭ（射程が五〇〇〇㎞を超える大陸間弾道ミサイル）ではなく、射程が一〇〇〇～三〇〇〇㎞ていど（ピョンヤン～東京間は約一三〇〇㎞）のＩＲＢＭ（短・中距離弾道ミサイル）であり、北朝鮮でいえばノドンあるいはムスダン級である。ＩＣＢＭの対象は米国なので後述するとして本項ではＩＲＢＭを対象とする。なおノドンあるいはムスダン級の搭載可能な弾頭重量は六〇〇～一〇〇〇kg前後とみられ、核弾頭の小型化に成功した段階では搭載可能な範囲である。ミサイルの飛行理論は世界共通であり、北朝鮮だからといって何ら特殊な内容はなく物理の法則どおりである。計算法に関心のある方は解説のウェブサイト[注9]を参照していただきたい。高校生でも大学の理工系学部を受験するレベルの数学知識があれば理解可能であり、実際に過去の東京大学の入試で飛翔理論の一部が出題されたことがある。もっとも計算方法を知ったからといって計算に必要なデータは事後にならなければわからないし、事前に知ったとしても、数分間のうちに一般市民や自治体の担当者がデータをパソコンに入力して落下地点を推定するなどは非現実的であり、避難の参考にはならない。

図8—1は弾道ミサイルの飛行方式の概念図である。打上げ時には推進用のロケットエンジンで加速し、エンジンの燃焼が終了した以降は慣性（単に石を投げたのと同じ）で飛行するが、その後の飛行経路は加速段階を終わった瞬間（石でいえば手を離れた瞬間）の速度と方向で決まる。①は打ち上げであるが、北朝鮮に限らずどの国の弾道ミサイル（または衛星用ロケット）でも最初は垂直に浮き上がるが、上昇中に②のように次第に向きを修正して所定の経路に乗せる。③は推進用のロケットエンジンの燃料が燃えつき（あるいは燃焼を停止）した時点であり、どこに到達するかは、この瞬間にどれだけ速度が出ているか、および選択した軌道の方向と角度により決まる。ピョンヤン～東京間で標準的な軌道を選択した場合は、この瞬間は打ち上げから約二分後、高度約一三〇km、速度は秒速約三km（時速約一万km）[注10]ていどとなる。この①から③までがブースト段階といわれる（加速の意。防衛省資料等での用語）。

次の④の経路ではミサイル自身は推進力を持たず慣性のみ（方向の微修正を行う場合はある）で放物線を描いて飛行する。これが「弾道」という名称の由来でもある。この部分はミッドコース段階といわれ、ピョンヤン～東京の標準的な軌道では最高高度は三〇〇kmていどに達する。最高点に達した後は重力で落下する一方になり、いわば隕石と同じである。発射から約一〇分後の⑤の段階が「再突入（大気圏への）」といわれ、⑥の段階では高度数十km前後から空気抵抗により減速が始まると同時に、

図8—1　弾道ミサイルの飛翔経路の概略

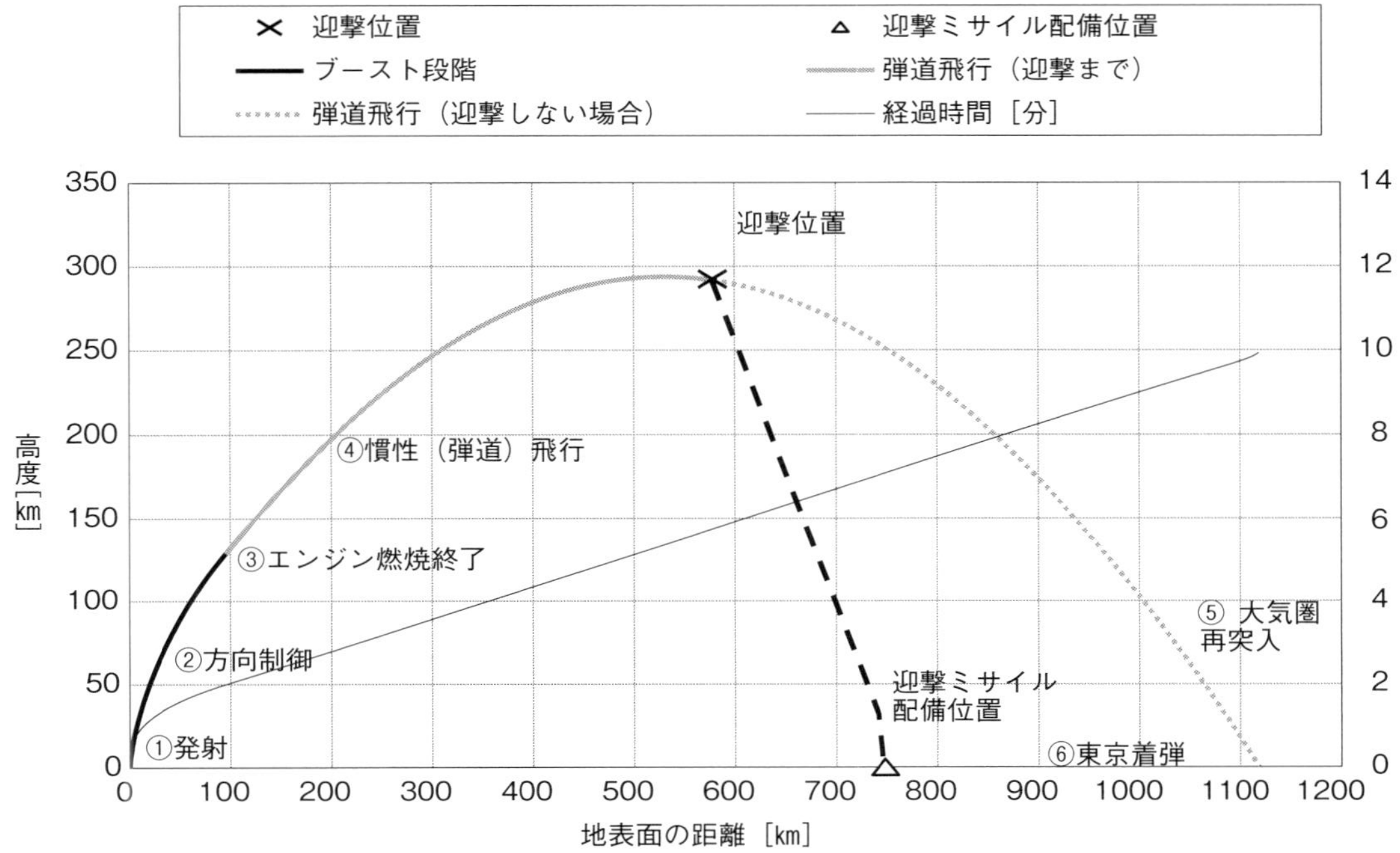

空気との相互作用（圧縮）で再突入体が高温になる。⑤から⑥の部分はターミナル段階といわれる。ここを通過すれば最終的に「着弾」であるが、一般に都市を目標とした核弾頭の場合は、地上に落下して起爆するのではなく空中で起爆するように設定される。日本に向けた標準的な軌道の場合、発射から着弾までは約一〇分、地上のレーダーで探知可能になってからは約八分ていどと考えられる。

現在の北朝鮮は米国本土までの到達（その可能性の誇示）が主目的となっており多段式ミサイルの発射が増加した。北朝鮮は二〇一七年八月二十九日と九月十五日に北海道上空を越えて東方海上に落下させる中・長距離のミサイル発射実験を行っているが、一方で二〇一七年五月十四日（「火星一二」とされる）には垂直に近い軌道で到達高度が二〇〇〇km以上に達するミサイルを発射したのを始め[注11]、同年十一月二十九日までに同様の四回の発射を行って順次高度を上げ二十九日の発射（「火星一五」とされる）では四五〇〇km以上に達した。これらの発射では日本の領土・領海を飛び越えず日本海に落下させている。

図8―2に長距離の弾道ミサイルの飛翔経路の概念図を示す（この図では地球の球面は表現していない）。飛翔距離が五〇〇〇kmを超えるような大陸間弾道ミサイルであれば、推進ロケットの燃焼が終了した段階（前述の③）でノドンやムスダンよりもはるかに高い速度に到達する必要がある。一例として、二〇一七年十一月の発射のように米本土到着をめざすケースでは、③の段階は打ち上げから約六分後、速度は秒速約六・五km（時速約二一・二三万km）、最高高度は九〇〇kmていどに到達する必要がある。このような条件になると一段式ではなく多段式[注12]にするほうが合理的である。ただし多段式にすれば構造や制御が複雑になりトラブルの可能性も増えるので、技術の改善を必要とする。

図8—2　より長距離のミサイルの飛翔経路

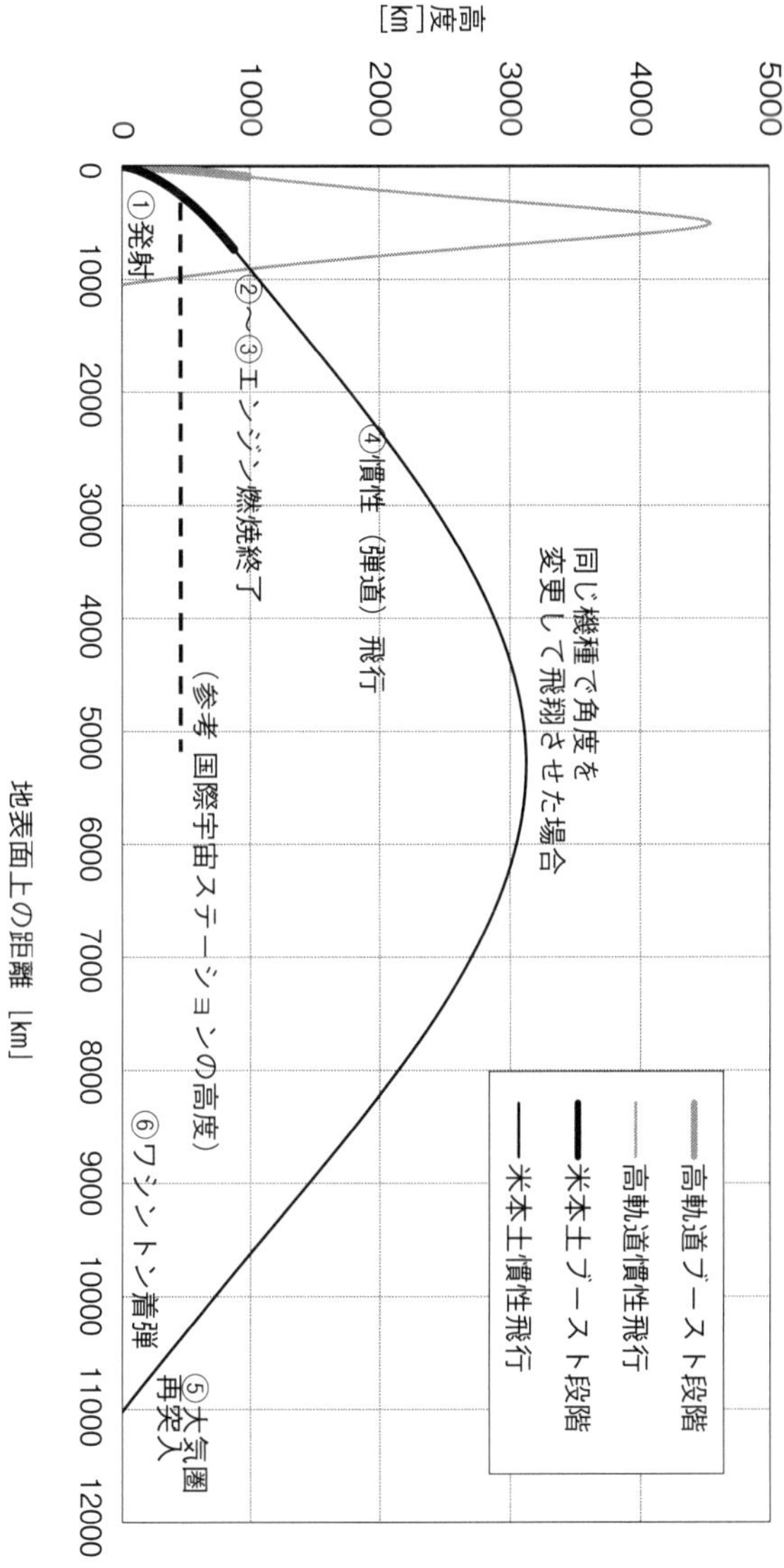

日本に到達させることが目的ならばこのような経路をとる必要はなく、ノドン級など技術的にも完成した小型の機種を低い軌道で飛翔させるほうが合理的だが、わざわざ高い軌道で飛翔させるのはミサイルの性能の確認のためである。機体・燃料・搭載重量など一定の条件で予定した軌道どおりに飛行できれば、図8―2のように軌道を浅い角度に変更することにより同じミサイルで到達距離が延ばせることを確認できる。意図的に高い軌道[注13]から落下させて再突入の速度を高めることにより迎撃を難しくするためとする推測もあるが、迎撃の成功率は再突入時の速度だけではなく、さまざまな要因が関与するので単純な評価はできない。低い軌道に比べて飛翔時間が長くなるため相手（日本）側に対して時間の余裕を与える逆効果も発生する。戦術的にも、少数の高価なミサイルよりも、技術が確立した多数の中・小型ミサイルを使用して弾頭を搭載しない「おとり」を混在させて同時に発射する等の手段を用いたほうが有利である。ただし防衛省は高軌道方式にも対応できるように二〇一八年度から迎撃管制システム（JADGE）を改良するとしている。

また図8―2から読みとれる内容は「上空」という概念である。図は距離と高さの比率をおおむね同じスケールで描いてある。ミサイルが飛行する高度は国際宇宙ステーションよりも高い。またインターネットで閲覧できる衛星写真（グーグルアースなど）のような民生目的の各種の観測衛星は高度五〇〇～一〇〇〇kmの軌道を周回している。軍事用の偵察衛星の軌道は公開されていないが同程度と思われる。通常の航空機が飛行する高度をkmの単位であらわせば一〇～一五km程度で、図では表現できないほど低い高度である。「上空」と表現すると頭上を航空機が通り過ぎているような印象を受けるが、実際の位置関係では地上には全く影響が及ばない宇宙空間でのできごとである。また中・長距離の弾道ミサイルの飛行高度には迎撃ミサイルは届かない。単に領土・領海の物理的上方を「上空」というのであれば、毎日無数の飛翔物体（人工衛星）が日本の上空を通過しており、その中には米軍や自衛隊を監視している衛星も当然存在すると思われるが、迎撃などの議論はない。なお宇宙空間の領有は国際的に禁止されているが、高度何kmからが「宇宙」かという国際的な条約上の合意はなされていない。

弾道ミサイル開発の鍵となる技術

いかに核弾頭を開発したところで、それを運搬する手段がなければ意味がない。すなわち核開発といっても、核関係の技術だけでなくさまざまな分野の総合的な技術システムになる。弾道ミサイルの性能に関しては、到達距離・搭載できる弾頭の重さ（ペイロード）・着弾精度・取り扱いの容易さ（相手側に妨害されにくい）などが要素である。これらは技術的にそれぞれ相反した要求であり、いずれかを向上させようとすれば他の要素が制約になる。たとえば到達距離を伸ばそうとすれば搭載できる弾頭の重さを減らさなければならず、また到達距離が延びれば着弾精度が低下する。大型化すればいいではないかと思えるが、そうするとミサイル本体の設計が難しくなると同時に、運用上も移動や発射準備に手間がかかり運用面で不利になる。またいかに軍事優先の国とはいえ予算や資材は有限だから、大型化すれば製作する数を減らさなければならない。こうしたミサイル開発の鍵となる技術（キーテクノロジー）にはどのようなものがあるのだろうか。いずれにしても何か新しい技術的改良を加えた場合には必ず実験による確認が必要である。設計・試算だけではＳＦ映画の空想兵器にすぎない。米国でさえも旧ソ連との弾道ミサイルの開発競争の過程では、点火直後から不具合が発生して浮上せず発射台の上で炎上したり、上昇中に制御を失って自爆（予定外の場所に落下することを防ぐため遠隔操作で爆破）する事故が何度も発生している。

燃料

技術上の大きな課題として燃料の選定がある。弾道ミサイル、ことに長距離ミサイルの打上げ時には全体の重量のうち九割以上が燃料であり、ほとんど燃料自身が飛んでいるようなものである。ミサイル自身が大量の燃料を抱え、かつ必要な弾頭（あるいは人工衛星など）の搭載物を抱えて、燃料を消費しながら上昇・加速してゆく。したがって同じ重さに対してより大きい推力を発生する燃料の選定が重要なテーマとなる。これは核技術ではなく化学技術の分野である。

燃料には液体方式と固体方式があり、一般に性能としては液体方式が優れている。北朝鮮にかぎらずどの国でも燃料の詳細は秘密であるが、発射時の火炎や煙の色から主要な成分ていどは推定が可能であり、ＵＤＭＨ（非対称ジメチルヒドラジン）と思われる。[注14]ただし主要な成分だけでは実用に足りる燃料にはならず、安全・迅速に取り扱う技術や保管中の劣化・腐食を防ぐ添加剤なども必要であり、むしろこれらが重要なノウハウである。一方で固体燃料はもともとミサイルに充てんしてあるので長時間の保存が可能（即応性）であるが、それでも時間とともに劣化は避けられないので一定周期での点検・交換は必要である。液体方式は飛行中に推力の制御が可能であるが、固体方式はいったん点火すると燃え切るまで推力の制御はできない。液体・固体いずれにしても燃料の性能には限度があるから、五〇〇〇～一万㎞レベルの到達距離を得るには多段式にして最終到達速度を上げる必要があるが、それだけトラブルの要因も増えるので高い制御技術を要する。

もう一つの側面として、地上発射型であれば液体方式・固体方式いずれも選択できるが、潜航中の潜水艦から発射する弾道ミサイル（ＳＬＢＭ）では固体方式が原則である。[注15] 北朝鮮は二〇一五年十一月二十八日に初めてＳＬＢＭの実験を行って以来、改良しながら数回の実験を行っている。二〇一七年五月二十一日には逆にＳＬＢＭを地上発射型に転用したと思われる固体燃料型の弾道ミサイルの実験を行っており、即応性（発射準備に必要な時間の短縮）の向上を目的としたものと思われるが、その後の進展は不明である。それ以外の人工衛星打上げ用や弾道ミサイルは現在のところ液体方式である。米国の弾道ミサイルが即応性の観点からすべて固体方式となったことに比べると、北朝鮮の弾道ミサイルは現時点では数世代前の段階といえる。

材質や加工法

弾道ミサイルの「設計図」と称する画像はインターネット上にも流布されているが、兵器はプラモデルではないからこのような資料は工学的には設計図とは呼べないし、本当に兵器の製造や運用に必要な情報がインターネットに掲載されているとは思われない。たとえばミサイル本体の円筒部分では、材質は何で厚みはどのくらいか、加工法はどのようなものか等の情報が伴わなければ実際に製作できない。燃料の項で述べたように全体の重量の大部分が燃料ということは、それ以外の本体構造をいかに軽く丈夫な材料で作るか、また加工法がポイントである。

材質の面では、ミサイル本体（推進部）・再突入体・潜水艦発射方式の場合の発射筒（マンホールのような筒）のカバーなどが重要な開発テーマとなる。本体（推進部）については、前述のように弾道ミサイルは弾頭部を目標に搬送するのが最終目的であるから、軽くて強度の高い材質を使用する必要がある。大型の弾道ミサイル（ロケット）が国によらず必ず垂直に打ち上げられる理由は、機体を極限まで軽く作ってあるために、燃料満載の状態で傾けると強度が保てないからである。また別の理由として空気抵抗が大きく気象の影響を受けやすい大気圏下層（高度数十㎞ていど）での飛翔時間を最小化する目的もある。あるていど上昇して機体が軽くなってから少しずつ所定の軌道に傾けてゆく（図8―1の②の段階）。また再突入体は搭載物（弾頭や人工衛星）を保護する役割があるが、大気圏に再突入する時に空気との相互作用で高熱になるので耐熱性が重要となる。適切な設計がなされていなければ燃え尽きて分解する。これは二〇〇三年二月に米国のスペースシャトル「コロンビア号」が耐熱装備の不具合（推定）のため空中分解した事故と同じ現象である。かりに核弾頭が搭載されていたとしても、内容物が分解・飛散すれば核反応は発生しない。二〇一七年七月四日の「火星一四」とされる発射では、再突入の状況がたまたま北海道でＮＨＫのカメラに捉えられた。画像からの分析によると大気圏に再突入して落下する途中の高度四～五㎞ですでに分解していたと推定される。[注16]それが事実であれば中～長距離の弾道ミサイルの再突入技術はまだ確立されておらず、核弾頭の搭載はできない。

潜水艦発射方式では、ミサイルを収めている発射筒は通常の航行中は厚い金属のハッチで蓋をされているが、発射時には浅い深度まで浮上してハッチを開け、カバーを突き破ってミサイルを海面上に押し出してから空中で推進用のロケット燃料に点火する。これはかなり高度な技術である。冷戦時代には、米国側の潜航中の潜水艦からの発射実験の際に旧ソ連が漁船を偽装した情報収集船を派遣してカバーの破片を回収しようとした事例が報告されているように、潜水艦発射方式では鍵となる技術の一つである。

制御と測定

制御と測定には三つの要素がある。第一はミサイル自身の位置・速度・姿勢（方向）を精密に把握する測定技術であるが、原理としては市販品として普及しているカーナビと同じ方式であるが、その他の方式と組み合わせて補正しながら用いられる。

第二は測定したデータに基づいて実際にミサイルの姿勢を変える方法である。推進用の燃焼ガスを噴射するノズルの部分でガスの向きを変える方式や、推進用とは別に姿勢制御用のガスを噴射する方式などがある。一連の制御が失敗するとどこに落ちるかわからない。現在でも打ち上げ直後に制御不能になりミサイル本体が空中で爆発する映像がインターネット上でみられるが、大量の残存燃料を抱えたままどこに落ちるかわからないのでは危険なので、制御不能と判断した段階で地上からの指令により空中で自爆させる。軌道に乗った後もさまざまな不確定要素があり、たとえ本当に機器や制御の不具合であったとしても他国の領土に落下させれば重大な危機を招く。北朝鮮が日本の領域を越えて弾道ミサイルを飛翔させているのは、制御技術が一定のレベルに到達しており、誤って他国の領域に落下することはないという自信を示しているものと考えられる。

第三の実務的な問題は、実験の結果をいかに正確に測定するかである。飛翔距離が伸びるほど自国内からの追跡は困難になる。かりに再突入が成功して再突入体（弾頭を収容したミサイルの最先端部）が海上に落下しても、正確にどこに落下したのかは自国内から確認できない。弾道ミサイルの着弾精度が設計どおり実現しているのかどうか検証するには正確な観測が必要である。このため米国その他の弾道ミサイルを保有・運用している国では、精密な測定設備を搭載して軍が運用する専門の観測艦[注17]を所有しているが、北朝鮮ではそのような艦艇の活動は知られていない。測定をどのように行い、実験結果の検証を行っているのかは不明である。

迎撃体制は有効か

弾道ミサイルが日本の領域に落下する可能性がある場合には迎撃が行われるが、迎撃はどのように行われるのか。迎撃体制を整えると相手は攻撃を思いとどまるだろうか？　弾道ミサイルは落下するだけで、航空機による侵入と異なり自ら進路を変更して迎撃を回避する機能はないし反撃もしてこない。相手の軌道が予測できて迎撃側の管制システムと迎撃ミサイルが所定どおり機能すれば迎撃は可能であり、その意味では航空機よりも不確定要素が少なくむしろ「計算どおり」の単純な話になる。

現在の日本の迎撃体制として、海上自衛隊のイージス艦で運用するＳＭ３（スタンダード・ミサイル）は射程七〇～五〇〇㎞の範囲（今後導入される改良型では一〇〇〇㎞前後）、すなわちミッドコース段階（図８―１の④）の後半を対象とする。これに対してＰＡＣ３（ペトリオット）は高度一五㎞、または能力向上型では数十kmが対象で、ターミナル段階（図8―1の⑤）を対象とする。

　日本に到達する可能性があるノドンあるいはムスダン級であれば最高高度が三〇〇kmであるから、能力の面からは迎撃可能と考えられる。ただしSM3とPAC3の守備範囲の間に「すき間」があるため、PAC3よりも高い高度で迎撃可能なTHAAD《サード》（終末高高度防衛ミサイル、Terminal High Altitude Area Defense missile）を導入する検討もなされたが、日本では導入しないこととなった。代わってイージスシステムを陸上に配備する「イージス・アショア」が導入される。

　図8―1の③の段階で再突入の軌道はおおむね確定するので、そのコースに対して迎撃ミサイルを発射すれば迎撃が可能となるが、迎撃が成功するには迎撃ミサイルの性能だけではなく相手の軌道を早期かつ正確に予測する能力が不可欠である。ピョンヤン～東京程度の距離でも、地球の球面の影響で目標は地平（水平）線の向こう側になり、地上のレーダーのみでは発射されてから数十～一〇〇kmまで上昇しないと探知することはできない。早期警戒衛星やその他の探知システムの情報と組み合わせて判断することになる。

　命中精度に関しては、多数の迎撃実験を行っている米国でさえも成功率が一〇〇％ではなく、外部からの指摘ではさらに厳しい評価も示されている。日本の自衛隊で少数回の迎撃実験が成功しても、その結果を以て成功率が一〇〇％の前提を設けることはできない。さらに実戦における成功率は、少なくとも訓練よりは低下すると見込まなければならない。弾頭を搭載しない「おとり」を交えた複数の弾道ミサイルが同時に発射された場合は、いかに性能が優れた迎撃ミサイルを保有していても数の面で足りなくなる。もし一発でも核弾頭が何らかの手段で国内に到達して起爆すれば、相手国が崩壊しようとしまいと「日本の負け」である。

最終的には迎撃ミサイルの実射試験を行って評価する必要があるが、そのためには標的役の弾道ミサイルも実物を飛行させなければならない[注18]ので費用と労力は膨大になり試験回数は限られる。海上自衛隊のイージス艦四隻は二〇〇七年から二〇一〇年にかけて各々一回（一発）ずつ太平洋上の米軍のミサイル試験場で実射試験を行い、四回中三回で模擬弾頭の破壊に成功した[注19]。

また二〇一七年八月までに米軍と自衛隊の実射試験の合計では三五回中二八回の成功とされている[注20]。また性能向上型のブロック2Aの実射試験は二回連続（二〇一七年六月、二〇一八年一月）して失敗している[注21]。

訓練の中には迎撃側に時間等を予告しない抜き打ち訓練もあり現実性を高める配慮もされているものの、実戦での成功率は訓練より低下するものと見込むべきであろう。旧海軍には「演習判断」という慣習があったという。たとえば敵艦が港からいつ出てくるかわからない想定で警戒しているが、演習期間は何日までと決まっているから、今日出てこなければ明日だというような便宜的な解釈が避けられない。実戦ではそのような便宜は通用しない。いずれにせよ訓練でも成功率が一〇〇％でない以上は、相手側が複数の弾道ミサイルを一斉に発射した場合にはその一部の着弾は避けられない。

かりに相手側が自らの壊滅を顧みず「一回かぎり」の攻撃を試みた場合には、経済と人口の集積地が連なる日本側に圧倒的に大きな被害が発生することは確実であるから、迎撃システムをいかに整えても最終的に暴発を抑止する保証にはならない。

注

注1　「原子力資料情報室」ウェブサイト　http://www.cnic.jp/
注2　藤沢久美「なぜ原子力への不安はなくならないのか」『文藝春秋』二〇一〇年二月（電気事業連合広告欄）
注3　山下俊一（福島県放射線健康リスク管理アドバイザー・二〇一一年三月より）三月二十一日の講演より
注4　「ピースデポ」http://www.peacedepot.org/
注5　「長崎大学核兵器廃絶研究センター」ウェブサイト　http://www.recna.nagasaki-u.ac.jp/recna/
注6　「核情報」ウェブサイト　http://kakujoho.net/
注7　「CEP」で示される（第一章・注19）
注8　米国の超音速滑空体の開発プロジェクトウェブサイト　https://web.archive.org/web/20110904065417/http:// www.darpa.mil/Our_Work/TTO/Programs/Falcon_HTV-2/Falcon_HTV-2.aspx
注9　個人ウェブサイト『ミサイル入門教室』http://kubota01.my.coocan.jp/index.htm、ミサイル迎撃シミュレータ https://www.vector.co.jp/soft/winnt/edu/se516541.html
注10　同じ距離を飛行するのに必要なエネルギーが最小の軌道で、ミニマムエナジー軌道ともいう。言いかえれば、同じ距離の飛行に対して搭載物（弾頭など）の重量を最大化できる軌道である。
注11　The CNS North Korea Missile Test Database, Nuclear Threat Initiative; David Wright, Global Security Program at Union of Concerned Scientists http://www.nti.org/analysis/articles/cns-north-korea-missile-test-database/ 等より要約
注12　ミサイル（飛翔体）を複数に分割し、燃料を使い終わった不要部分を順次切り離して機体を軽くすることにより効率的に速度を向上させる方式である。同じ重量の燃料を単一の機体に搭載して飛行するよりもはるかに高い速度に到達できる。北朝鮮に関しては、「テポドン2派生形」が三段式で射程一万㎞を超える（米本土到達可能）とみられる。

注13 報道等では「ロフテッド軌道」と呼ばれるタイプの飛行方式である。
注14 「北朝鮮、ミサイル燃料を自主製造か　米紙報道」『日本経済新聞』二〇一七年九月二十九日ほか各社報道
注15 ロシア（旧ソ連）は潜水艦搭載ミサイルに液体方式を用いていたことがある。
注16 「38 North」ウェブサイト“Video Casts Doubt on North Korea's Ability to Field an ICBM Re-entry Vehicle” http://www.38north.org/2017/07/melleman073117/
注17 米国海軍では「インヴィンシブル」「ハワード・O・ローレンツェン」など。北朝鮮ミサイル発射の前後に日本にもしばしば寄港する。
注18 標的用の模擬ミサイルを飛行中の輸送機から投下し空中で点火して飛行させる。
注19 岡部いさく「海自イージス艦のBMD能力」『世界の艦船』二〇一八年二月号、八二頁
注20 香田洋二「北と対峙！　日米韓のBMD体制を総括する」『世界の艦船』二〇一八年二月号、七二頁
注21 『産経新聞』二〇一八年二月一日ほか各社報道

第九章　軍事とカネのはなし

戦争も平和もカネしだい

いかに独裁政権の国といえども、軍事に配分できるリソース（ヒト・モノ・カネ）は有限である。かつての日本、あるいは現在の北朝鮮のように「ヒト」の値段がきわめて安い国もあるが、それでも無制限に供給できるわけではない。モノは国内で調達できなければ海外から購入するしかないがそれには「カネ」が必要である。さまざまな要素を詰めてゆくと結局のところ戦争も平和もカネしだいである。

本章では単に「防衛費を削って教育や福祉に回せ」という観念論ではなく、できるだけ数量的な検討にもとづいて現在の日本の防衛がコストパフォーマンス（コスパ）が良いものであるか、また現に存在するリスクを低減させるにはどうしたらよいかを検討する。実際のところ国家財政（二〇一八年度概算要求額）としては、防衛省が五兆〇八九三億円に対して厚生労働省が三一兆二二九四億円となっており、必ずしも社会保障関係費を圧迫して軍備を整えているともいえない。米国のジョンソン政権（一九六三〜六九年、なお六三年はケネディ暗殺に起因する昇格）は「偉大な社会」を掲げて福祉・教育・人権政策を積極的に推進した一方で、ベトナム戦争を拡大させており、現代の軍事の問題は「大砲かバターか」の単純な図式で考えられない面がある。

一方で軍事とは「相手方の立場になって考える」ことでもある。すなわち自分が相手方ならばどのように判断・行動するかを考える必要がある。旧軍では「敵情判断」と呼ばれて将校の必須科目であり、もちろん現在の自衛隊でも同じであろう。北朝鮮の軍事費は公開されていないが、米国務省の評価[注1]によればドル換算で米国の〇・五％にすぎない。その限られたリソースを使って最大限の軍事的・政治的効果を挙げるには北朝鮮ならばどうするかと考えるのが、北朝鮮に対する防衛を考える起点である。その観点では、北朝鮮が通常装備（航空機や戦車など）の更新を後回しにしてでも弾道ミサイルに特化しているのはきわめて合理的、すなわち「コスパ」が良い判断といえる。かりに条約や国際世論などの制約を除いた机上のシミュレーションで「北朝鮮と同じ制約下で、最大限の軍事効果を発揮する戦略を立案せよ」と政府が検討を命じれば、どの国の軍事スタッフも同じ結論を出すであろう。

「軍事はカネ」のもう一つの側面として、戦争をやめさせるのもカネである。山本七平（評論家・出版業）は「明治人は軍人といえども、明確に自国の貧乏を意識していたのに対して、昭和人には、『世界三大列強の一つ』といった奇妙な『大国的錯覚』があった。従って国民は戦費という問題に不思議に関心が向かなかった。ベトナム戦争は結局、議会の戦費打ち切りで終わった。だが日華事変では、軍が憂慮するほど厭戦《えんせん》気分が国内に充満しながら、臨時軍事費を打ち切ることによって戦争を終わらそうという発想はどこにもなかった[注2]」と述べている。

興味深い歴史的資料として、外務省調査部（当時）が一九三六年に日清戦争（一八九四年七月〜一八九五年三月）から満州事変（一九三一年九月）までの戦費・人的損失の見返りとして得られた経済的利益の評価が知られている[注3]。日清戦争では戦費を上回る賠償金を清国から得るとともに台湾と澎湖島を獲得して領土的にも経済的にも大きな利益を得た。また戦死者はこの資料では九七七名[注4]と記されているが、その後の戦争では一回の局地的戦闘でさえこれを上回る戦死者の発生が常態となったことと比べると意外にさえ思える。

ところが日露戦争（一九〇四年二月～一九〇五年九月）から満州事変までを集計すると五八億円（当時）を費やして二〇億円を得ただけであり、しかも戦死者六万人と戦傷者一五万人の犠牲を払ったと批判的に評価している。その後の米国との戦争はもはや計算するまでもない損失を重ねただけであった。

日露戰爭後日本ガ植民地ヲ獲得シ維持スル為ニ支出シタ費用ハ合計五十八億圓ニ達スル。此五十八億圓ノ中ニハ日清、日露ノ両戰役以下西比利亞出兵ニ至ル戰死者約六萬人及戰傷者十五萬人ハ計算ニ入レテナイ。斯クテ過去ノ日本ノ外交ヲ經濟的見地カラ検討シテ見ルト、実ニ五十八億圓ノ國幣ヲ捨テ、二十一萬ノ戰傷死者ヲ犠牲ニシテ二十億圓ヲ得タノデアリ、差引三十八億ノ純缺損ト二十一萬ノ戰傷死者ヲ出シテヰルノデアル。日本ノ領土的膨脹政策ハ經濟的ニハ全ク御話ニナラヌ損失ヲシテヰル。

帝国憲法下でもあるていどは実現していた三権分立と政党政治の枠組みの外に、別世界のような第四の権力組織として軍隊が存在して日本国を支配しようとしていた。なぜそのようになったかは別の研究に譲るとして、軍の暴走を許したのは「戦費」の支配権を議会が握らなかったためである。そして「大国的錯覚」は現在の日本にも蔓延している。前述の外務省の文書ではイデオロギー的な発想に基づく戦争は利益をもたらさないとも指摘している。

「戦争をさせないためには戦費をコントロールすればよい」という原則は現在も不変であるととも

に、自衛隊（あるいは国防軍）の海外活動が日本の利益になるのかを冷静に検討すべきである。

日本と世界の軍事費

現代の軍事費は装備の高度化や職務の専門化にともない負担が大きくなっている。米国の場合、陸軍では戦闘要員六万人に対して支援要員は四七万人である。空軍ではさらに職務が専門化するためパイロット一万六〇〇〇人に対して支援要員は三六万人であるという。[注5] 米国務省は「世界の軍事支出と武器移転」という資料を公開しており、それによると米国全体では軍人一人あたりの年間軍事費は七八八〇万円（一米ドル一一〇円として）であるが日本は二〇三〇万円である。[注6]

日本では法律的な明文規定はないものの防衛費はGDPの一％という目安を設けてきた。防衛費の総額としては二〇一二年度まで連続して漸減の傾向にあったが、第二次安倍政権になって二〇一三年度から上昇に転じ、二〇一八年度概算要求ではGDPの一％を超える。図9―1は二〇一一年度以降の日本の防衛関係費の推移である。[注7] ただし日本の防衛費は防衛省・自衛隊の人件費や運営費も合算で表示されているので、五兆円弱がすべて護衛艦の建造や迎撃ミサイルなど装備品の調達に充てられるわけではない。図9―1では「人件・糧食費」「歳出化経費」「一般物件費」という分類で示してある。「人件・糧食費」は毎年約四五％前後を占めているが、公務員としての自衛隊員の人件費と糧食費（幹部以外の一般隊員の衣食住は公費）である。「歳出化経費」とは、高額の装備品を調達・発注する場合に単年度では処理できないため複数年度にわたって「リボ払い」にしている分である。このため五年あるいはそれ以上の期間を通してみればおよそ年間の装備品の購入額に相当し、一兆七〇〇〇億円前後である。「一般物件費」はおおまかにいえば施設や整備の維持費などである。

米国務省の資料（前出）より図9―2に各国の軍事費とGDP比率を示す。各国とも年度による変動がかなりあるため二〇〇五～二〇一五年の平均で示す。各国の軍事費を比較する場合、人件費や運営費を算入するかどうかなど定義が一様ではないが、同資料の基準に従えば多い側では米国が七一六〇億ドル（GDP比で四・三％）、中国が二五六〇億ドル（同二・〇％）、ロシア（旧ソ連の構成国を除く本体のみ）が四八八億ドル（同三・八％）である。

日本は直近の平均で三九九億ドル（五兆円弱）であるが、「先軍政治」を標榜する北朝鮮は三七億ドルに過ぎない。北朝鮮の統計の信頼性は疑問であるとしても日本より一桁少ないていどと考えられるが、GDPが少ないため軍事費の対GDP比率は二三％となり世界最大である。パキスタンもよく似た状況にあり「草や木の根を食べてでも、飢えに倒れようとも自前の原爆を持つ」と表明している。[注8]

一方で自衛隊の装備品の構成や各部隊の地理的な配置には、依然として冷戦時代の旧ソ連の脅威を想定した偏りが残っており、防衛費の効果的な使い方の面でもさらに議論される必要がある。二〇一八年度の概算要求の内容をみると、[注9]ウェイトの大きい項目としてティルトローター機（通称オスプレイ・四機で四五七億円）、F―35戦闘機（六機で八八一億円）、10式戦車（六両で八三億円）などが挙げられているが、これらは弾道ミサイル防衛には全く意味がない。またどのような目的であるにせよ、単体の性能がいかに良くても少数の装備では実戦で機能しない。オスプレイは防災面の効果も挙げられているが、その目的なら一点豪華主義的に少数を揃えるよりも同じ予算で従来型ヘリコプターを数

図９―１　防衛予算の推移

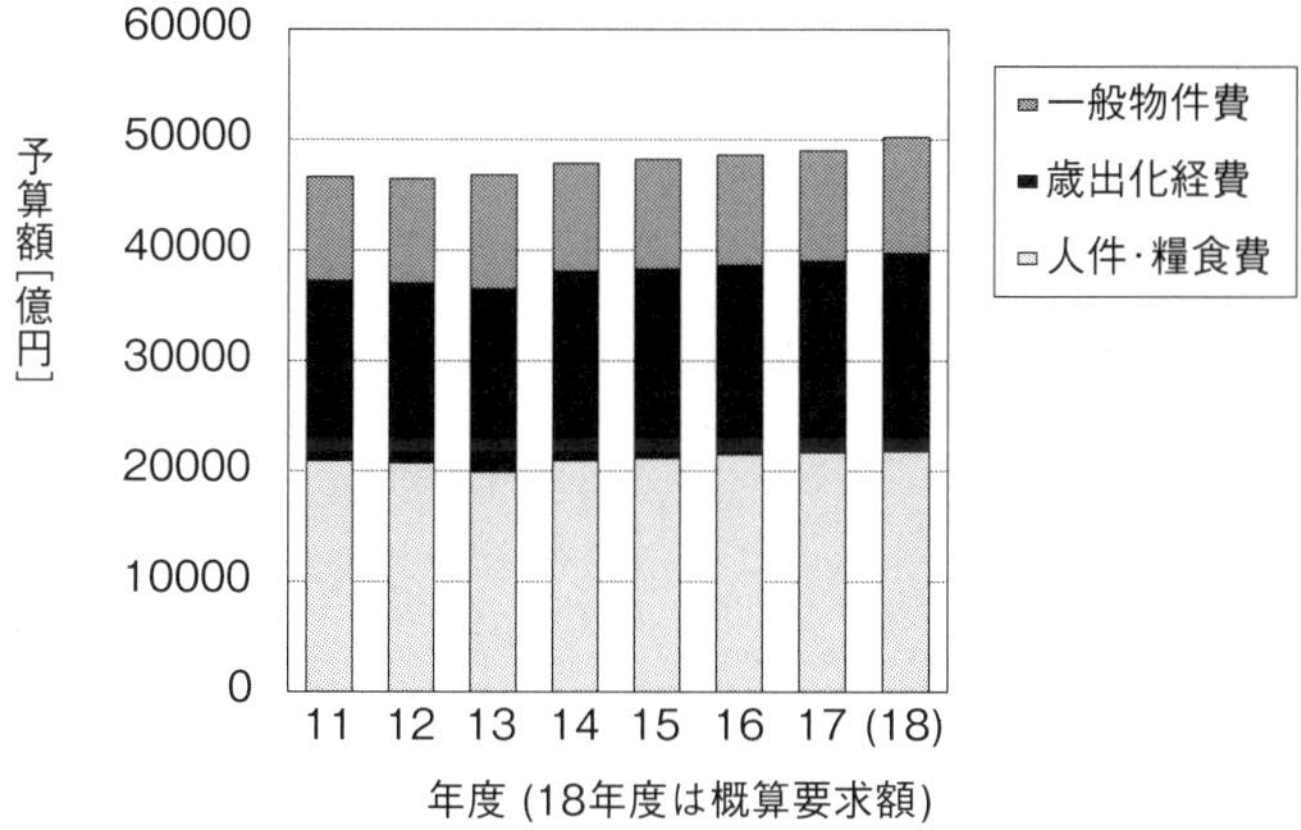

図９―２　軍事費とＧＤＰ比率の各国比較

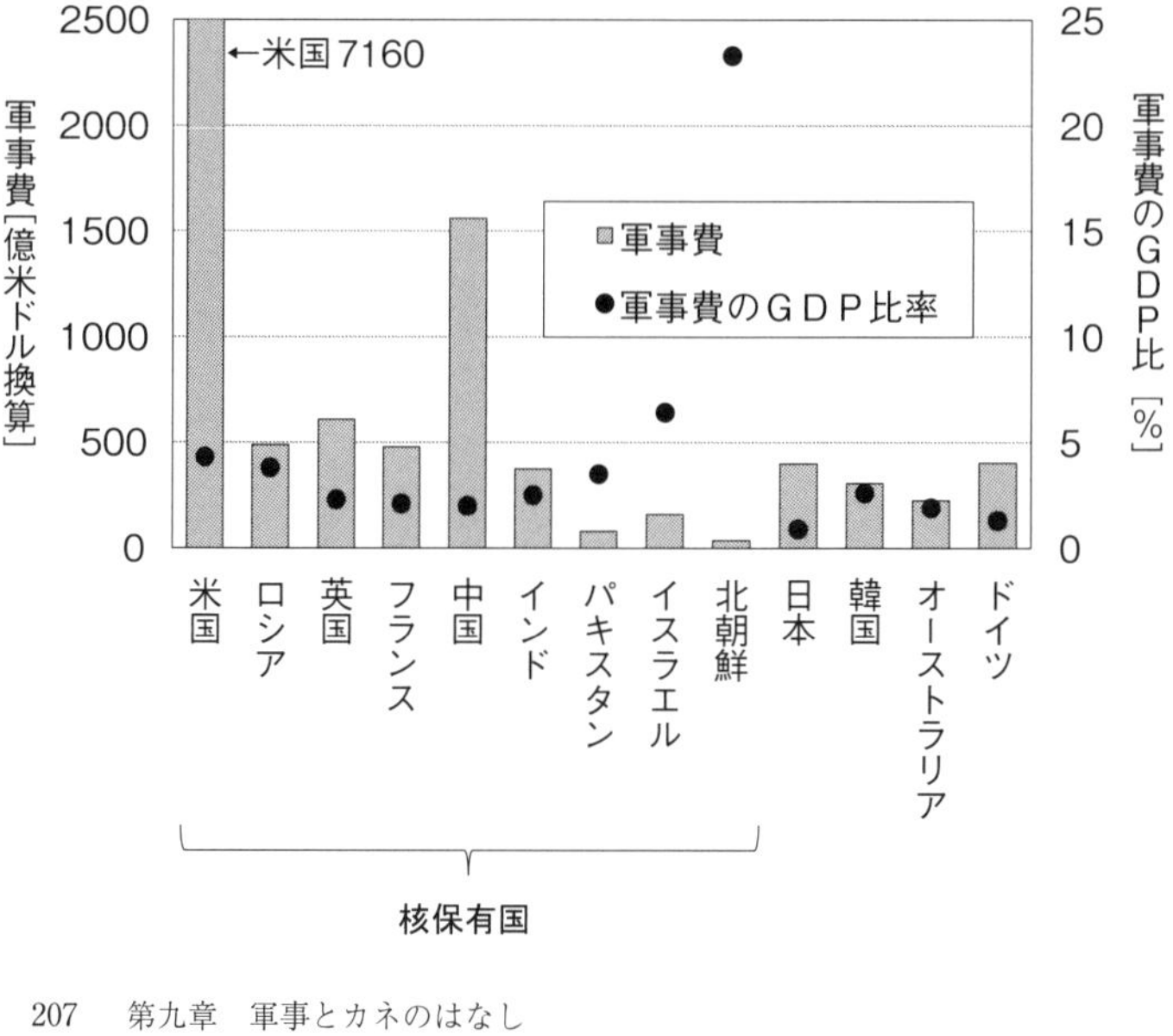

多く装備したほうが有効である。

二〇一八年二月五日に佐賀県で民家に墜落した対戦車ヘリコプターAH―64Dはたしかに高性能ではあるが事故機を除くと全国で一二機しかない。本書執筆時点では部品の欠陥が推定されているが、点検後の試験飛行で墜落しているようでは実戦で機能するだろうか。かりに相手の装備や訓練のレベルが低く（そのような部隊が上陸するとは思えないが）日本側から一方的に攻撃できるような状況であっても、すぐに稼働機数が低下して自滅するであろう。装備品に充当される毎年一兆七〇〇〇億円が額として適切かどうかの議論とともに、その有効な使い方の面でも疑問が多い。「戦車部隊が揚陸して対戦車戦が発生する」などという状況は防衛大綱でも現在は可能性が乏しいと想定されている。[注10]陸・海・空各部局のバランスに「忖度《そんたく》」したバラマキ装備では有効な防衛力にはならない。

北朝鮮の空軍力は侵攻・防空の両面で貧弱であり、かりに開戦しても戦闘の継続能力はほとんどないと考えられる。自衛隊が二〇一七年度から配備を予定している高性能戦闘機（F―35）は北朝鮮に対してはほとんど意味がない。報道によると防衛省は、二〇一八年度から研究を始める予定の対艦ミサイルに対地攻撃能力の付加を計画している。[注11]敵基地攻撃も機能上は可能であり北朝鮮への抑止力向上にもつながる見通しとしているが、これは口実であって実際は中国を念頭に置いたものである。ただし対地攻撃に使用するには、ミサイル本体の性能だけでなく精密な地形データ等がなければ運用できず、それらをどのように取得するのかは不明である。[注12]

一方で日本・英国両政府は、二〇一八年度に戦闘機に搭載する新型の空対空ミサイル（AAM）の共同開発を開始する。[注13]これは前述のF―35などへの搭載を予定しているが、これも北朝鮮に対しては意味がなく、実際は中国を念頭に置いたものと考えられる。なお北朝鮮の脅威を口実にして中国に対する軍備の増強を正当化する点は米国も同様である。また政府は弾道ミサイル防衛用のシステムで巡航ミサイルの迎撃も可能とする検討に入ったとされるが[注14]、これも北朝鮮を対象としては意味がなく、中国（航空機から発射される巡航ミサイル）が対象であろう。

北朝鮮に対する攻撃能力整備に関して、福好昌治（前出）は日本が単独で北朝鮮を敵地攻撃する事態は考えにくいとしている[注15]。北朝鮮が日本（あるいは在日米軍）を対象として攻撃する可能性は、朝鮮半島で実際に戦闘が始まった場合に限られるが、その場合は米韓両軍がすでに北朝鮮と交戦している状況である。米韓両軍は昔から北朝鮮を明確に仮想敵国として陸海空にわたって演習を繰り返してきたが、そこへ日本がぶっつけ本番で加わっても米韓両軍の作戦を妨害するだけで意味がないとしている。

また装備には「持っていれば使いたくなる」という本質的な危険性がある。二〇〇二年六月に安倍晋三（官房副長官・当時）は「これ［注・イージス艦］一隻一二〇〇億円もするわけです。それを四隻持っている。こういう皆さんの税金を使っている以上、当然機能的に活動できるようにするというのが我々政治家が納税者に対しての義務ではないか、こう思います」と述べている[注16]。本来は日本の防衛に適した装備は何かという検討を起点として装備を調達すべきところ、先に国情に合わない装備を米国から買い（あるいは買わされ）、それを使うための理由を後から作る本末転倒の発想が露呈している。しかもそれらを使って発生した事態をどのように収束させるかの出口戦略も考慮されているとは思えない。

防衛産業は「もうかる」か

現代の日本にも軍需産業と称される分野はあるが、現場のニーズに合わない防衛省の「一点豪華主義」の影響もあって、数量が少なく民生品より仕様が厳しい特殊品を個別に製造する仕事では効率が悪い。輸出に関しても、近年の武器輸出解禁にもかかわらずビジネスとして魅力が乏しいという[注17]。それどころか輸出した製品で思わぬトラブルが起きれば、巨額の補修費・賠償を請求される事態にもなりかねない。

二〇一五年以降の海外への装備売り込み（哨戒機・潜水艦など）は失敗が続いている。価格が高すぎるとの理由も挙げられているが、いかにカタログ上の性能が良くても実戦あるいはそれに相当する状況での使用実績（コンバット・プルーブン）がない国の製品は最終的に信頼されない点が最大の理由として指摘されている。およそ世界中の軍隊において実戦経験のない軍隊は信用されないが装備も同様である。こうした背景からヒト（自衛官）・モノ（装備）ともにいずれ「実戦経験の取得」が求められるようになる危険性がある。

防衛費の増額を主張する論者の決まり文句として「防衛産業は経済効果がある、裾野が広い（関連産業が多い）、中小企業も潤う」というが、それは軍事支出が財政に占める比率が大きかった戦前・戦中、あるいは朝鮮戦争の「特需」の記憶がいまだに抜けないことによる幻想であり、現代の日本の経済システムには該当しない。「戦争は最大の公共事業」と言われることがある。他国との軍事的緊張を煽り、あるいは実際に開戦することにより軍事関連産業や周辺産業が利益を上げてマクロ経済を活性化させると考えられるからである。

しかし現在の日本には該当しない。ＧＤＰの計算上では輸入は控除（マイナス）として取り扱われる。自衛隊の主要な装備、特に北朝鮮問題に関していえばＳＭ３やＰＡＣ３（第八章参照）などの迎撃システム（ミサイル本体・管制装置など）は米国からの輸入である。国内の企業が部品を米国の兵器産業に供給している分（三菱重工業がレイセオン社向けに制御装置など）が一部あるものの、日本がミサイル防衛システムそのほか装備を強化すればするほど米国の軍事企業には貢献するが、日本のＧＤＰを押し下げる方向に作用する。

前出の防衛予算の内訳をみればわかるように、現在の日本の経済システムにおける防衛部門の経済効果は装備品の調達よりも公務員としての自衛隊の組織自体の存在によるところが大きい。これらの関係は数量的にどのようになるだろうか。産業連関分析によりシミュレーションすると、かりに防衛支出（二〇一六年度の例）と同額の政府支出を教育・研究・医療・福祉に適用した場合、表９―１に示すように両者はＧＤＰ誘発額で同程度であり、雇用誘発数と雇用者所得への還元は後者の教育等のほうが大きい。

表９―１　防衛費と教育等の経済・雇用効果

	防衛費による経済効果	教育・研究・医療・福祉による経済効果	（参考）同額の防衛支出で国内調達100％とした場合
ＧＤＰ誘発額（円）	５兆6638億円	６兆3134億円	６兆1501億円
雇用者誘発数	59万2999人	62万6695人	63万5788人
雇用者所得誘発額	３兆0079億円	３兆8463億円	３兆2571億円

防衛費をどれだけにすべきかはさまざまな側面があり評価が難しいが、「軍需で景気が良くなる」という認識は、すくなくとも現在の防衛装備に関するかぎりは都市伝説である。また現在の自衛隊の装備品のうち、防衛省資料（前出「中央調達の調達実施概況」等）から推定すると国内調達の比率は六〇％程度と考えられる。

さらに主要装備の輸入に関しては安全保障の面からも問題が指摘されている。田母神俊雄（元航空自衛隊幕僚長）は、主要装備を外国から買えばその支援がないと動かすことができないので外交的にもその国の支配に服さざるをえないと指摘している。[注18]

戦時中の日常生活を市民の視点から克明に記録した伊藤整の『太平洋戦争日記』では、航空機生産の基礎となる工作機械はもともと米国からの輸入に依存していて国産体制がなく、米国と開戦後二年ほど経ってようやく軍が注目しだしたと記述されている。[注19]これで本当に米国と戦争をする気があったのかと驚く計画性の欠如であるが、現在でもそうした弊害は是正されていないように思われる。

日本の軍事マニアが礼賛する航空自衛隊のF―2戦闘機の後継機種は国産をめざしていたが、武器輸出を推進する米国の意向を無視できず断念することになったと報じられた。[注20]かりに同額の防衛支出でも一〇〇％国内調達として試算すれば表9―1のようにGDP・雇用効果とも大きくなる。すなわち現時点で防衛費の増額を主張する議論は、一見すると日本の「国益」を考えているように見えるが、実際には（論者自身が認識しているかどうかはともかく）米国の兵器産業に資金を流すために利用されているにすぎない。

自衛官は尊重されているか

自衛隊の海外での活動に際して、いかに「後方支援任務だ、平和維持任務だ」と主張しても、相手側がそのように認識するかどうかは何の関係もない。しかも現代の交戦相手は国の正規軍ではない武装集団も想定されるが、こうした相手は戦時国際法や交戦法規など念頭にない。このまま自衛隊が名目だけの勇ましい任務に実際に従事すれば、隊員に戦死傷者が出ることは不可避である。しかし自衛隊は旧日本軍に比べると外見だけは米国流に変わったものの、「伝統」である兵站軽視・衛生（救命）軽視の欠陥はなお是正されていないとの指摘が少なくない。

旧日本軍は一九四五年八月時点で陸軍五四七万人・海軍一八六万人の規模（国民義勇隊を除く）[注21]に達したが、その内部で「輜重輸卒《しちょうゆそつ》も兵隊ならば」や「ラッパ・ヨーチン・テッチン（軍楽部・衛生部・技術部のこと）」と呼ばれる職種（兵種）に対する差別・蔑視があったことが知られている。他の兵種からみると、これらは技能を要さず誰でもできる（輜重）、戦闘に従事せず楽をしている（軍楽・衛生・技術）等の偏見によるものと思われるが、同時にそれらが担当する職務そのものが軍の中で軽視されていたことを示している。旧軍が補給を軽視したために、多くの将兵が各地の戦場で、本来の任務である戦闘にすら携わることなく悲惨な結末を迎えたことはよく知られるとおりである。さらに衛生すなわち将兵の人命・健康への配慮も劣悪であった。

戦争終結後ではあるが、日本軍が自軍の傷病兵を荷物のようにぞんざいに運んでいるのを目にした連合軍側の元軍人が「自国の兵隊さえあのように取り扱う日本軍が、どうして敵国兵を人間として取り扱うことがありえようか」と戦慄を覚えたことが記録されている。[注22] 好戦的な政治家とその応援団が弾道ミサイル迎撃・敵基地攻撃・島嶼防衛・国際貢献などと自衛隊の勇ましい任務を掲げているが、現実の自衛隊にはそれに応じた装備も体制もない。整合性のない装備を米国から高額で買って（買わされて）いるだけである。

これは実動組織である自衛隊の問題というよりも防衛省全体の認識も関係する。照井資規（元陸上自衛隊衛生学校研究員）によると、陸上自衛隊の救命体制が米軍そのほか諸外国と比べて著しくレベルが低く、また救命救急訓練も重視されておらず、部隊あたりの衛生科人員の比率も低い。実際の「戦場」に出れば不可避となる戦闘時の負傷（特に重傷）に迅速な対応ができず、助かるべき人命が失われると指摘している。[注23] また生命は助かっても重大な後遺障害を防止できない可能性が高いとの指摘もある。[注24] 自衛隊の救命・衛生レベルは、好戦的な論者がしばしば軽侮の対象とする中国軍に比べてさえ著しく低い。結局のところ「実戦」を想定していない体制であり、そのレベルのままですでに実戦の可能性が高い「駆けつけ警護」に派遣されている。諸外国の軍隊の救命体制が日本より優れているからといって、その国が日本より人道的に優れていることを意味しないが、少なくとも各国の国民の反応に対して敏感であることはたしかであろう。

清谷信一（軍事ジャーナリスト）は自衛隊が使用する国内メーカー製の機銃（一般にいう「機関銃」）が、防衛省の基準を満たしていないのに性能や耐久性のデータを改ざんして納入され、その他にもいくつか実用上のトラブルが報告されている経緯を指摘している。[注25] これらは外国メーカーの製品を国内でライセンス生産している製品であるが、このような装備を国内での訓練ならともかく海外の実戦に持ってゆけば自衛官に重大な危険をもたらす。山本七平によると、旧陸軍でも基本的な装備である機関銃に故障が多く、まさか実戦には持ってゆくまいと思われていた欠陥装備が戦場で使われていたという。[注26]

安倍首相は二〇一五年五月十四日の記者会見で、安保法制による自衛隊の任務拡大によって自衛官のリスクが高まるのではないかとの質問に対して、これまでも自衛隊発足いらい一八〇〇名の自衛官が殉職していると答えている。[注27] これは何ら質問の答になっていないとともに戦死傷者が出てもかまわないと考えていることが露呈している。これは「海外で自衛官が死傷しているこの非常時に、国内で不平を言うな」という国内向けの圧力に利用することを真の目的としているからである。前述のように南スーダンPKO任務やイラク派遣任務に関する日報の不適切な取り扱いがみられる。意図的な隠蔽か否かにかかわらず、戦闘以前の問題として、隊員の日常生活や健康管理など今後の任務に重要な情報が利用できない形で放置されたままであったことは、政府自体が隊員の生命健康を重視していない実態を示している。

中国に関しては、資源確保や制海・制空権拡大の観点から尖閣・先島諸島に中国が強い関心を示していることは事実であろう。中国側が尖閣・先島諸島に侵攻上陸した後に、陸上自衛隊の上陸部隊がそれを奪還するなどの先走ったシナリオを掲げる好戦的な論者があるが、現在の自衛隊にそれを実行しうる体制はない。奪還作戦のためには陸海空一体の大規模作戦が必要となるが、中国側が尖閣・先島諸島に侵攻上陸というシナリオは、むしろ日本側が陸上自衛隊の存在意義をアピールするための創作ではないかと評価する論者もある。[注28] かりに作戦に対応する体制がないのに、みずからは前線に行かない好戦的な政治家が暴走して奪還作戦等を命ずるようなことがあれば、危険にさらされるのは自衛官である。「自衛隊」を「国防軍」に改称したところで中身が変わらなければ意味がない。

自衛隊が海外の武力行使に参加すれば、たとえ平和維持任務や後方支援任務であったとしても、戦闘の推移によっては隊員が交戦相手の勢力圏に取り残されるなどの事態は起こりうる。しかし、その際に自・公政権は「適切に対処するように指示した」と繰り返すだけで主体的な行動は起こせないであろうし、官僚は前例のない事態には対処できない、あるいは故意に放置する。これは福島事故とその後の対応、原発再稼働に対する姿勢、あるいはすでに海外で何度か日本人が遭遇した襲撃事件に際しての行き当たりばったりの対応をみれば容易に想像できる。今後いわゆる「戦争法案」の施行に伴って自衛隊が海外で武力を行使した際に遭遇する危機に対して、政権も官僚も無為無策に終始するであろう。

嫌韓・嫌中が経済をこわす

筆者は二十年以上民間企業に勤務した経験があるが、その企業では冷戦時代から東西を問わず多岐にわたる国の建設プロジェクトを受注していた。しかし一九七〇年代までは、たとえば韓国と中国の取引先がたまたま同時に来社すると双方が顔を合わせないように気を遣った。たとえ偶然でも相手の国の人物と顔を合わせたことが本国の関係者に知られるだけで、思わぬ迷惑が及ぶかもしれないという懸念からである。しかしそれから十年も経つと、会社の談話室で双方が同席して歓談しても誰も気

表9―2　対韓国・対中国の輸出が産み出している経済・雇用効果（二次波及[注32]まで）

	GDPへの寄与	従業者数への寄与	雇用者所得への寄与
韓国	5兆3465億円	57万3304人	2兆7430億円
中国	13兆5688億円	144万0886人	6兆9892億円

にしなくなった。

こうした経験からすると、昨今の嫌韓・嫌中は実に愚かで経済にもマイナスをもたらす発想である。嫌韓・嫌中の経済的マイナスについては他の論者も指摘している[注29]が筆者の試算も示す。『中国がなくても、日本経済はまったく心配ない！』という書籍が刊行されているが[注30]、逆に対韓国・対中国の輸出は日本の経済や雇用にどのくらいの効果を有しているのか、それらが消失しても「まったく心配ない」だろうか。輸出により日本国内で産み出される経済効果（GDP増加）・従業者数・雇用者所得について産業連関モデルで試算[注31]してみる。たとえば中国への輸出は日本国内で約一四四万人分の雇用を産み出している。これらの効果をまとめて表9―2に示す。

沖縄の基地と経済効果

沖縄県では、返還済み軍用地（那覇新都心・那覇小禄金城《おろくかなぐすく》・北谷《ちゃたん》桑江・北前）および返還予定軍用地（桑江・瑞慶覧《ずけらん》・普天間《ふてんま》・牧港・那覇港湾）を対象として、①個人や事業者への支出がもたらす直接経済効果、②それより波及する各分野での生産誘発額・所得誘発額・雇用誘発人数等を試算している[注33]。その効果はいずれも返還前の数値を大きく上回っており、基地公害の解消という面を別として金銭的価値だけを評価しても、基地をそのまま置いておくより経済的に活用したほうが地域への貢献が

表９―３　駐留軍用地跡地利用の経済効果（注33より要約）

	直接経済効果（億円）	生産誘発額（億円）	所得誘発額（億円）	雇用誘発人数（人）
返還済み軍用地	2,459	2,436	616	24,737
返還予定軍用地	8,900	8,383	2,165	80,503

大きいことが示されている。これらの結果の要約を表９―３に示す。

二〇一八年二月の沖縄県名護市長選では「経済活性化」を掲げた候補が当選した。しかし藻谷浩介（日本総合研究所主席研究員）は、同市の人口増加率は全国でもかなり上位にあってその原動力は沖縄県内最大級のリゾートホテル集積であるにもかかわらず、市内での米軍基地の増強は滞在型観光地としての魅力を減殺し経済活性化に水を差すと指摘している。[注34] また新設予定の海上滑走路は沖縄トラフに正対し津波のリスクが大きく、航空自衛隊松島基地の航空機二八機が東日本大震災の津波で一挙に失われた教訓を反映していない点も指摘している。

「市場」は北朝鮮問題をどうみているか

経済関係者の予測は多様な情報を活用しており、軍事専門家などよりも信頼性が高い。戦時中、日本軍の状況は華僑のネットワークで迅速に把握されており、劣勢が予想されると外地で両替に応じてくれないなど敏感な反応を示したという。

もし北朝鮮の核・ミサイルを大きなリスクと捉えるのであれば、株価は当然ながら下落するとともに、為替レートは円安（対米ドルの数値としては上昇）に動くはずである。株価については、市場に参加するいわゆる投資家・投資機関は、核実験や弾道ミサイルの発射により日本企業の活動が妨げられると思えば、株を売ってその他の資産に乗りかえるから株安の方向に動くはずである。特に短期的な利益・損失が重視される株の売買については、その傾向が強い。また為替レートについては、日本経済のリスクが大きいと思えば円を売ってその他の通貨に乗りかえるので円が安くなるはずである。

北朝鮮による核実験や弾道ミサイルなど軍事・政治上のできごとと、その後の日経平均株価・為替レートの変動はどうなっているであろうか。核実験や弾道ミサイル発射の直後には一時的に変動がみられたケースがあるが、全体として株価・為替レートとも北朝鮮情勢と密接にリンクしているとはいえない。市場はいわゆる「有事」があるとは予測せず、日本経済のリスクは小さいと受け止めていると考えられる。また逆に戦争のリスクが高まれば一般論としては軍需産業の業績が伸びると思われるが、日本にかぎってみれば軍需産業の占める割合は小さく、個別の株の銘柄には影響があるとしても大勢には影響がない。

二〇一七年十一月二十九日のミサイル発射以後も特に大きな変化はみられない。二〇一八年三月八日に米国から突然に北朝鮮との対話に応じる発表があり緊張緩和に期待して若干の株価上昇が見られたようにも思われるがこれも明瞭な影響ではない。むしろ同三月二十二日の米国による対中貿易制裁の発表による日本企業への影響を懸念した一時的な株価の急落が注目される。北朝鮮が最初に核実験を実施した二〇〇九年ころから日経平均株価は上昇を始めている。ただし株式市場には実体経済と関係なしに投機的・心理的な要因によるな取り引きも存在する。例えば二〇一二年十二月の衆議院選挙(民主党政権から自・公政権への交替)に際して、実際にはまだ政権復帰前の自民党が金融緩和策を提唱したことを受けて株価が上昇したケースがある。このように現実に先行して心理的要因で数値が変動することも少なくはないが、いずれにしても北朝鮮情勢との明確な相関はみられない。

北朝鮮問題に対する安倍政権の無為無策にもかかわらず市場が動揺しない理由は、日本は平和で安定した国だと世界から認識されているからである。石原慎太郎（第四章参照）が述べたように、かりに日本が核武装して世界から「何をするかわからない国」と認識されるような事態になれば経済に重大な支障をもたらし、エネルギーも資源も乏しい日本はたちまち「一流国」から転落するであろう。

また「みずほ総合研究所」は「北朝鮮リスク指数」という指標を九〇年代（金日成政権）から導入して経済への影響を分析している。[注35]「北朝鮮リスク指数」とは、新聞各紙から北朝鮮に関するキーワードが登場する記事数を集計し、さらにその件数の変化傾向などを加味して平常時からの振れを数値化している。大きな動きとしては二回あり、第一次核危機とは一九九四年七月（金日成死去）、第二次核危機とは二〇〇六年八月〜十月（ミサイル発射・第一回核実験）である。九四年三月にも北朝鮮は「ソウルは火の海」と発言し米国が軍事行動を検討（どのていど実動体制を準備したのかは不明）しており、ある意味では「危機」は年中行事化していたが、報告では次のようにまとめている（内容は報告時点）。

○最終的にはトランプ大統領の判断次第ではあるが、北朝鮮の反撃力を踏まえると、米国が先制攻撃を行う可能性は低い。
○リビアなどの教訓（核を保有していないために体制が維持できなかったという認識）から、北朝鮮の核開発放棄は見込み難い。
○軍事衝突に至らない限り北朝鮮リスクが金融市場や実体経済に与える影響はほとんどない。過去の事例を見る限り、瀬戸際外交などで一時的に緊張が高まる局面において話題になる程度であろう。
○もとも、北朝鮮の核問題は一九八〇、九〇年代から長時間をかけて深刻化してきた問題であり、短期的な解決は難しいであろう。
○総合すると、北朝鮮リスクが日本経済に与える影響はほとんどないが、追い込まれた北朝鮮が先制攻撃という賭けを行うテール・リスクは懸念される。日米韓の連携強化と中国（さらにロシア）との協力拡大が重要となってくるだろう。

注

注1　前出・米国務省「世界の軍事支出と武器移転」二〇一六年版による二〇〇四〜二〇一四年の平均。ただし北朝鮮の数字は極めて不確実としている。
注2　山本七平『一下級将校の見た帝国陸軍』朝日新聞社、一九七六年、三〇〇、三〇三頁
注3　外務省調査部「日清戰爭ヨリ滿州事變ニ至ル日本外交ノ經濟的得失」一九三六年十一月。国立公文書館アジア歴史資料センター複写保存、https://www.jacar.go.jp/
注4　参謀本部編『明治二十七八年日清戦史第八巻』では一一一六人。なおこの数字は戦闘による死者数であり、劣悪な衛生状況のため戦闘死の他に一万人を超える戦病死者を発生している。
http://dl.ndl.go.jp/info:ndljp/pid/774128/90
注5　ポール・ポースト著、山形浩生訳『戦争の経済学』バジリコ、一二一頁
注6　前出・米国務省「世界の軍事支出と武器移転」
注7　『平成二九年版防衛ハンドブック』朝雲新聞社より
注8　杉田弘毅『検証　非核の選択』岩波書店、二〇〇五年、一一六頁

注9　防衛省『我が国の防衛と予算　平成三〇年度概算要求の概要』二〇一七年八月
注10　国家安全保障会議決定「平成二六年度以降に係る防衛計画の大綱について」二〇一七年十二月十七日
注11　「日本版トマホーク、政府が開発の方向で検討」『読売新聞』二〇一七年十一月二十日
注12　インターネット地図で提供されているような商業衛星データでも利用可能との見解もあるが具体的には不明である。
注13　『日本経済新聞』二〇一七年十一月二十四日ほか各社報道
注14　『読売新聞』二〇一七年十月十八日ほか各社報道
注15　福好昌治「二〇一八年、日本の敵は北朝鮮か中国か?」『軍事研究』二〇一八年三月号、二〇四頁
注16　前出・『サンデー毎日』二〇〇二年六月九日
注17　秋山謙一郎「DOL特別レポート」『ダイヤモンドオンライン』二〇一五年六月二十二日
注18　田母神俊雄ブログ「F35の機種選定について思う」
https://ameblo.jp/toshio-tamogami/entry-11145546291.html
注19　伊藤整『太平洋戦争日記（二）』新潮社、一九八三年、二七頁、一九四三年七月二十二日の記述
注20　「F2後継機の国産断念へ　防衛省、国際共同開発を検討」『朝日新聞』二〇一八年三月五日
注21　総務省統計局『日本長期統計総覧』第五巻、一九八八年、五二八頁
注22　山本七平『一下級将校の見た帝国陸軍』朝日新聞社、一九七六年、三三〇頁
注23　照井資規「『駆けつけ警護』で部隊は崩壊する」『軍事研究』二〇一六年十月号、五三頁
注24　清谷信一「戦傷者は『想定外』という自衛隊の平和ボケ」『東洋経済オンライン』二〇一四年九月十七日
http://toyokeizai.net/articles/-/47994
注25　清谷信一「なぜ自衛隊は「暴発する機銃」を使うのか」『東洋経済オンライン』二〇一四年十一月九日
http://toyokeizai.net/articles/-/52889
注26　山本七平『ある異常体験者の偏見』文藝春秋、一九七四年、四九頁

注27　首相官邸ウェブサイト「安倍内閣総理大臣記者会見」二〇一五年五月十四日
https://www.kantei.go.jp/jp/97_abe/statement/2015/0514kaiken.html
注28　福好昌治「二〇一八年、日本の敵は北朝鮮か中国か？」『軍事研究』二〇一八年三月号、二〇六頁
注29　平川均「ヘイト本ブームがもたらす経済面への影響」『日刊ＳＰＡ！』二〇一七年九月十九日
注30　三橋貴明『中国がなくても、日本経済はまったく心配ない！』ワック、二〇一〇年
注31　統計の制約により二〇一一年度産業連関表のデータに基づく
http://www.e-stat.go.jp/SG1/estat/List.do?bid=000001060671&cycode=0
注32　雇用者所得が発生すると、その一定部分が消費に回り次の経済効果を産み出す。理論的には無限に波及が続くが一般には二回目（二次波及）ていどまでを集計する。
注33　駐留軍用地跡地対策沖縄県本部「駐留軍用地跡地利用に伴う経済波及効果等に関する検討調査」二〇一五年一月　http://www.pref.okinawa.jp/site/kikaku/chosei/atochi/houkokusho/documents/150130chousakekkagaiyou2.pdf
注34　藻谷浩介「事実に反する〝イメージ〟に流されてはいけない」『毎日新聞』二〇一八年二月十一日「時代の風」欄
注35　みずほ総合研究所「北朝鮮リスクは日本経済にどの程度影響するか――北朝鮮リスクは長期化。暴発誘発リスクのコントロールが鍵」『みずほリポート』二〇一七年四月
https://www.mizuho-ri.co.jp/publication/research/pdf/report/report17-0426.pdf

第十章　テロより危険な「内なる敵」

「テロ対策」とは何か

自衛隊が海外で活動する機会が増加すれば、意図しなくても相手側の戦闘員・民間人を殺傷する事態が起きることは不可避である。相手側からみれば偶発的だからといって容認する理由にはならず、テロによる報復の動機を高める。照井資規は「ハイブリッド戦争」の危険性を指摘している。[注1] ハイブリッド戦争とは従来の手段（有形の武力行使）などによらない多様な主体と手段を使用した戦争であるが、照井の論説では自衛隊が国外での軍事行動により現地国民を殺傷した場合、その報復としてテロを呼び込む可能性を指している。日本政府はすでに自衛隊に「駆けつけ警護」の任務を付与している。照井は「自衛隊に新任務を付与し、それを実行してしまったが最後、後戻りはできない」としている。

一連の有事法制で「緊急対処事態」とされる状況、すなわち①危険性を内在する物質を有する施設などに対する攻撃、②多数の人が集合する施設及び大量輸送機関などに対する攻撃、③多数の人を殺傷する特性を有する物質などによる攻撃、④破壊の手段として交通機関を用いた攻撃など、一般に「テロ」と呼ばれる事態についての対策はどのように捉えられているのだろうか。

責任を負う主体となるべき国の担当部局の危機管理意識は疑わしい。二〇〇八年に北海道洞爺湖町で開催された「第三四回主要国首脳会議（洞爺湖サミット）」の前、電車でたまたま隣に座った女性が英文の書類を拡げていたのが目に入った。見ると「CONFIDENTIAL（部内限り、秘密の意）」とスタンプが押してある。わざわざ「秘密」と表示されていればかえって興味を抱かざるをえないが、内容はサミットの要人の会食テーブルの配席図であった。襲撃を計画する者が実際にいたとすればぜひ入手したい情報であろう。当時でも海外では各種の政治的・宗教的要因によるテロ事件が頻発しており、日本に関連する大きな事件としてはペルー大使公邸占拠事件（一九九六年十二月）が起きていた。秘密書類を電車内で広げるとはいかにも無防備であり、落し物・忘れ物として人手に渡る可能性も高い。その女性は担当部局の官僚か、あるいは行事の実務の委託を受けた業者であろうが「どうせ英語だから周囲の一般人にはわかるまい」という安易な意識のように思える。

同時期には洞爺湖の現地だけでなく、東京も警戒の対象であるとして鉄道駅にも多くの警察官が配置されていたが、緊張感は乏しく交替時に談笑している場面をしばしば見かけた。もし実際に襲撃者がいたとすれば交替時は狙われやすいタイミングであるが、基本的な注意も受けていなかったのだろうか。それ以前の二〇〇七年十月には、鳩山邦夫（法務大臣・当時）が日本外国特派員協会の講演で「私の友人の友人がアルカイダ」と発言し、さらにバリ島爆弾事件[注2]（二〇〇二年）を事前に知っていたかのような内容も伴ったため、国際的にも危機管理に対する不信を招くとして問題となっている。

前述のように本格的な「武力攻撃事態」では計画も訓練も成立しない事情もあってか、訓練のほとんどは「緊急対処事態」すなわち少人数あるいは個人によるいわゆる「テロ」を想定している。前述のように「国際テロ組織『X』に感化された個人某」などという想定さえみられた（二〇一八年二月十三日、大阪府など図上訓練）。しかしその規模でさえも実効性のある内容はない。大泉光一は二〇一五年六月に発生した東海道新幹線車内での焼身自殺とみられる火災事件に関して、新幹線で手荷物検査を実施すべきなどと非現実的な提案を行っている。[注3]こうした言説では決まって新幹線が取り上げられるが、かりに一般公衆を対象として大きな被害を起こそうとすれば地下鉄サリン事件のように大都市の満員電車を標的にしたほうが実行者にとっては効果的であろう。同事件では実行者が被毒せず退避できる工夫がなされていたが、自らの生還を期さない自爆覚悟であればなおさら大規模な被害が起こりうる。

市民の安全を守る大義名分を掲げる「危機商法」にも注意しなければならない。手荷物検査の実施は検査機器メーカーや警備会社の利権と結びつく。これらの企業は警察官や自衛官の再就職先としても重視されている。この問題は二〇二〇年の東京五輪大会とも関連する。大会に際しては検査機器や警備員の需要が急増するが、それは一過性であり大会が終了すれば人員や設備は余剰となる。それを吸収するために他の用途への転用を用意しておく必要がある。福島原発事故の汚染水防止として遮水壁[注4]を原発建設にかかわったゼネコンが請け負うのと同じく、また原発事故に関する避難対策として組み立て式のシェルターを原発の製造メーカーが売り込むのと同じく[注5]、海外からテロを誘引する可能性を高める好戦的な政策を行っておきながら「安全・安心」を喧伝する動きにこそ警戒が必要である。

テロには効かない「防犯」カメラ

セキュリティ対策の一環として監視カメラも議論になる。すでに街路・公共施設・交通機関にも多数の監視カメラが設置されている。しばしば「防犯カメラ」と呼ばれるが、犯罪が実行された後の事後の捜査には利用できるとしても、カメラに犯罪を防止する機能があるはずがない。間接的に防犯効果が期待されるとすれば、録画されることを警戒して犯罪の実行を躊躇するていどであろう。迷惑行為の防止にはいくらか役に立つもしれないが、自らの生還を期さない自殺覚悟の実行者がいたとすれば全く抑止効果は期待できない。それでは何のために監視カメラの設置が推進されているのであろうか。

手荷物検査や人間に依存した監視では膨大な労力と費用が必要となり現実的でないという理由から、監視カメラの画像をネットワークで共有して不審者を検知・追跡するシステムの提案もある。[注6]こうしたシステムに関してはプライバシー侵害につながるとの指摘があるが、インターネット上での反応では「一般の人には不利益はない」「やましいことがなければ録画されてもかまわない」との意見が多数を占めたとされている。[注7]また警備会社「ＡＬＳＯＫ」のインターネットアンケート調査によると、回答者の約六割が繁華街や駐車場に防犯カメラをもっと設置すべきだと回答したとされている。[注8]

インターネット上の反応や、利害関係者である警備会社が実施したアンケートでは客観性が疑わしいが、そのような意見を表明するのは、振り込め詐欺に易々と応じるような無防備な者か意図的な宣伝工作に従事する者であろう。「やましい」かどうかを決めているのは相手であって本人の認識は関係ないから、「やましいことがなければ」という前提そのものが無意味である。全員を「やましい」と想定して録画しているのである。思想・信条を理由として公権力が特定の人物を追跡する目的で利用されるのではないかという懸念も示されるが、別の側面でも重大な危険性がある。

ＪＲ東日本がＩＣカード情報を不適切に販売したり、[注9]情報機器会社が駅監視カメラの画像を文部科学省の研究事業に無断転用するなど、[注10]節度を欠いたデータ利用の事案がすでに多発している。インターネット上に流出した情報の削除・回収は困難であり、かりに削除されても個人のパソコン等に複写された情報の削除・回収は事実上不可能である。平穏な生活を営んでいる市民が検知・追跡システムによって被害を受けるトラブルが増加する懸念が大きい。

検知・追跡システムの基本となる技術は、画像から顔の特徴を抽出してデータ化する「顔認識技術」であり、身近な使用例では煙草の自動販売機で利用者の顔を分析して未成年かどうかを推定するシステムがすでに実用化されている。顔認識の技術は年々改良されて精度が向上しているとはいえ、一定の確率で誤認識が発生することは避けられない。現在はそれに対して何らの基準・規制もなく、関係者の恣意的な運用に委ねられている点にも危険性がある。

刑事事件に関して、DNAと並んで監視カメラの画像が客観的な物証としてしばしば利用されるようになった。

ところが容疑者との一致など画像の鑑定は、公的機関ではなく民間人の鑑定人一名に集中して委託されており、年に一二〇～一五〇件の鑑定を行っていることが指摘されている。[注11] 一般に監視カメラの映像は画像の歪みやメモリの制約から多くが不鮮明であるが、同鑑定人は画像の解像度以下の特徴点が識別できるなどと物理的にありえない独自の鑑定法を主張し、警察・検察はそれを追認して証拠として採用している。この結果、舞鶴女子高生殺害事件（二〇〇八年五月）では、容疑者の顔はもとより何が写っているかも判然としない不鮮明な画像に基づいて誤った鑑定結果が提出されたり、[注12] 放火で起訴された被告に対して防犯カメラの映像を根拠に一審で有罪の判断がなされた事件の控訴審では、画像では特定困難として逆転無罪の判断が示された事例もある。[注13] このように監視カメラは冤罪を産み出し、重大な人権侵害を招くおそれがある。

日本弁護士連合会では、犯罪の発生を前提とせず、不特定多数人の肖像を、個人識別可能な精度で、連続して撮影し、録画ないし配信を行う監視カメラの増加は問題であるとして、一定の基準、要件を定めた法律を制定して規制することを求めた提言書を発表している。[注14]

内なる敵はどこにいるか

「緊急事態」を国内向けの統制手段に利用しようとする動きが着々と進展している。緊急事態になれば憲法を無効にして戒厳令を施行し、それを恒久化することまでも視野に入れている。その意図は自民党の改憲案（「日本国憲法改正草案」[注15]第九八・九九条）からも明瞭に読み取れる。また原発事故や大規模な自然災害はいつ起きるかわからないが、軍事的な「緊急事態」は人為的に作り出すことができる。「こんなに大変な事態になっているのに国内で不平を言うな」という国内向けの圧力が目的である。

自・公政権が提示しているのは「国民保護計画」ではなく「政権保護計画」である。どこかに「テロリスト」が潜んでいて安全・安心を破壊することを狙っているかのような議論がみられるが、それ以前に「内なる敵」のほうがはるかに危険である。すでに作られてしまった「戦前回帰」の流れの発想に照らしてみると、自民党政権は大事故・大災害を暗に期待しているからである。これは戦時中の「防空」とよく似ている。水島朝穂は著書『内なる敵はどこにいるか』[注16]で次のように述べている。

防空訓練の狙いは、空襲に対する備えというよりも、むしろ地方機関や市民を効果的に統制し、末端にまで管理を浸透させることに主な狙いがあった。「民間防空」ないし「国民防空」も、軍が行う「軍防空」と不可分一体の形で、国防目的に奉仕するものとして位置づけられていた。「民間防空」の目的は、国家体制の保護であって、国民の生命・財産の保護はその反射に過ぎなかった。

すなわち住民保護は最初から念頭になく、戦況が不利になるほどそれを中央集権体制の強化に利用したのである。青森大空襲（一九四五年七月二十八日）では、米軍の空襲予告ビラに反応して自主避難を試みた住民に対して、知事が防空法を根拠に罰則や配給の停止を掲げて帰還を強制したところに、実際の空襲が行われ多大な犠牲を生じた例もある。[注17]全く同じ動きが現在もみられる。たとえば二〇一二年以後の第二次安倍政権になってから、原子力事故に際しての原子力防災対策が「できるだけ住民を避難させない」方針に転換した経緯がある。

住民を避難させると電力会社や国が補償しなければならないので、それを避けるための経済的な動機も推定されるが、それと共に緊急事態を逆用してさまざまな市民の権利を制限することを目論んでいるのではないか。

また「復興」を名目に福島事故の被災地域への帰還を強制する現政権の姿勢と酷似している。当初は「自主避難者[注18]」すなわち避難指示が発出されていない地域から転居した被災者に対する住宅提供の打ち切り等の圧力を加えていたが、ついには指示に従って転居した被災者に対しても、避難指示が解除されたとして帰還を強要するなどの圧力が加えられている。

防災と町内会

ファシズムは為政者が上から一方的に強要するだけではなく、下からの動きも作り出さないと機能しない。筆者は短期間だが町内会長[注19]に就任したことがある。引き受けるにあたり規約を調べると、冒頭に「当会は民主的かつ自主的に運営します」とあった。しばしば「戦時中の隣組の延長」として敬遠される町内会の印象とは異なっていたので意外に感じたが、実際にかかわってみるとやはり毎週のように行政組織から大量の配布物が送りつけられるなど隣組の性格を強く残しており対応に苦慮した。具体的な義務は求められないものの自衛官募集の宣伝物も配布された。

隣組の経緯として、まず一九三八年四月に「国家総動員法」が制定され、同年九月から始まった「国民精神総動員」の運動と関連づけられる。一九四〇年九月の内務省訓令第一七号「部落会町内会等整備要領」により隣組が制度化され、その目的は「隣保団結ノ精神ニ基キ市町村内住民ヲ組織結合シ万民翼賛ノ本旨ニ則リ地方共同ノ任務ヲ遂行セシムル為左ノ要領ニ依リ部落會町内會等ヲ整備セントス仍《かさね》テ之ガ実績ヲ挙グルニ努ムベシ」（振り仮名は引用者）とされている。急速に逼迫してゆく生活必需品の配給も隣組を通じて行われるため強力な統治機構として利用された。

隣組は相互監視や言論・思想の統制の側面から批判的に評価される場合があるが、それは派生的な機能にすぎず、現実には戦争遂行のための政府の活動のあらゆる基本単位として、人々の生活すべてを戦争遂行に動員するための組織であった。当時の隣組は町内会をさらに小さく区分した単位であり、東京都の例によると一つの町内会（町会）が平均五〇個ていどの隣組に分割され、[注20] 隣組の平均構成は一〇世帯前後であったが、これは構成員の私生活をより綿密に把握・管理するために適した規模ともいえる。

「隣組」を機能させる実際の活動は「常會」という定期会合であり、その運営ノウハウを指導する冊子が制作されている。それによると常會の目的は「隣保相互の親睦融和を增進し、國民生活を充実し、上意下達・下意上達を圖り、各種会合の整理統合を圖る等、各職域々々に於いて体制翼賛の實踐を完遂する」としている。もっとも「上意下達」はあっても「下意上達」は全く期待できなかったであろう。この機構のしくみとして「常會が上下左右の脈絡を保ち整然と運營される為には、中央―府縣―郡市―町村―部落―隣保班と各層の組織が完備するとともに、町村以下に於ては、特に常會を開き易い様に地域及び戸数を適宜區分する事が大切」としている。このシステムは「連隊―大隊―中隊―小隊―分隊」という軍隊（陸軍）の構成と酷似しており、各々の単位の人数規模まで類似している。定期的に常會に参加することを奨励しているのは、隣組の構成員の行動を常に把握し制約することが目的であった。

大都市で近隣の人間関係が希薄という現象は、現代に起きた現象ではなく、戦前・戦中でも同じであった。当時はすでに農村から大都市への人口移動が進み、給与生活者やいわゆる「インテリ」が多い大都市では近隣の人間関係に住民の関心が低い傾向は現在と類似していた。前述の資料では「世人―特に大都市有識者の中にはその關心究めて薄く、政府當路《とうろ》の指導亦未だ低調の域を脱し得ない憾《うら》みがあったが」「畢竟これら識者の住む都會の多くが常會運營に於ては甚だ不振であつて、その属する隣組が常會を開かないので」（振り仮名は引用者）と述べている。[注21]

このように隣組活動に消極的な大都市のインテリを取り込むため大政翼賛会が宣伝の一環として随筆集を制作しており、理化学研究所で原子爆弾を研究（もとより当時は機密）していた仁科芳雄や、有名な「トン、トン、トンカラリ」の隣組の歌（一九四一年四月発表）」の作詞者の岡本一平が寄稿している。仁科の文章では、所属する隣組の誰もが「勤務がある」「忙しい」「事情がある」と敬遠して組長を引き受けず、一巡して仁科に回ってきた事情を延々と説明している。隣組の歌の作詞者である岡本でさえ、本音ではやりたくないが時節柄引き受けざるをえないと言わんばかりの記述がみられる。[注22]ことに都市空襲が現実化すると、原則として組長は防火群長を兼ねることとなり負担はいっそう重くなった。他にも人々は何かと理由をつけて組長・防火群長を忌避する様子が記録されている。[注23]岡本は同じ文章で「隣の人ですら道で會つても見知らぬ風で過ごすといふ山の手の知識階級の住宅街の風習」と述べているが、このような慣習は現代になって生じたのではなく戦時中も同様であったことは興味深い。

隣組は一九四七年に連合国軍最高司令官総司令部（ＧＨＱ）の意向を受けた政令によって解散させられた。戦後は「隣組」にかかわる負の印象からその名称は避けられているようであるが、構成単位は「班」「組」と名を変えて存続し「組長」の名称を残す地域もある。後に町内会として再編するにあたって、筆者の地域の設立当初の関係者は「民主・自主」を掲げたのであろう。実際にそのような志があったかもしれないが、会員の意志と関係なしに「連合町内会」など上部組織に自動的に組み入れられているなど隣組の性格が強く残っていた。

筆者の町内会は大都市かつ集合住宅であったので会費も安く、加入は一年単位で毎年募集する方式であり、しばしば指摘される強制加入や退会をめぐるトラブル、町内会に加入しないと家庭ごみを置かせない、高額の寄付金の割りあて、本人の了解なしに政党や政治家の後援会に加入させられていた等の問題も幸いなことに生じなかった。

ただし強制加入はないものの自治体から「災害時の救援物資は会員人数分しか用意されていない」など暗に加入を求める圧力も加えられていた。残念ながら現在の町内会も、かつての隣組の「大政翼賛の實踐を完遂」を「安心・安全」に置きかえ、強制力に大小の違いがあるだけで内容は隣組と大同小異である。隣組が配給という生活上不可欠なニーズに乗じて参加の強制力が付与されていたのと同様に、現在はそれがごみ処理に置きかえられている。表向きには反対できないような大義名分を掲げながら、あたかもエンジンをかけていつでも「大政翼賛」が乗り込むのを待っているように思われる。

住民の中には何の証拠も実害もないのに「外国人がルールを守らない」と苦情を述べ立てる者もあり、町内会が排外主義を助長する道具になりかねない懸念も抱いた。マスメディアもこれに加担している面があり、何か事件があると、容疑者に対して町内会の行事に参加しないから不審人物であるかのごとく描写する記事も少なくない。たまたま市内で大きな国際イベントが開催された際に「防犯」との名目で黄色いベストを着て何の関連もない町内を練り歩く活動もあった。また地域の祭礼なども関係者を辿ってゆくと神社とつながっており、直接ではなくとも神社の全国組織を通じて極右政治団体の基盤となっている懸念もあった。

町内会には防災・防犯の役割も期待されており、大規模な自然災害や事故、あるいは本書で取り上げる戦争災害が実際に発生した場合は自治体の職員だけでは対応できないため、いわゆる「地域」の協力が必要とされている。しかし防災に関して実務的な機能を担うとなると統治機構との関連が避けられない。二〇一八年三月には三重県伊賀市で、市職員が自治会長から「自治会活動で住民を把握するため」と求められて個人情報六四八人分を渡した事件が発覚した。[注24] 当事者の職員は「いけないことと分かっていたが断れなかった」と述べたとされ、強要や利益誘導でないかぎりは、このような事件が発生する背景として自治体の側にも「町内会（自治会）は統治機構の一環」という認識が存在するためではないか。

保守政権の関係者の中には、実際に統治機能としての隣組への回帰をめざす政策提言がみられる。二〇一二年十二月からの自民党政権（第二次安倍内閣）では、東日本大震災を契機として「国土強靭化」が提唱された。理念としては防災・減災を掲げており、そのための公共投資でGDPが増加するなど派生的な経済効果も前面に出している。しかし国土強靭化の「基本的な政策メニュー」[注25]の中には「地域共同体の維持・活性化　町内会に統治機構としての権限の付与、防災隣組の体制整備」との項目がある。「防災隣組」として「隣組」の名称そのものを復活させようとする動きである。[注26]

「国土強靭化総合調査会第一次提言」[注27]には「国土強靭化を実現するため、自然科学、社会科学、人文科学、文化、芸術、教育などの分野を含むすべての分野の専門家を総結集して国土強靭化国民会議を設置する」「国土強靭化計画を全国、ブロック、都道府県、市町村で策定する」「国土強靭化への政治的、経済的、社会的、思想的な障害は除去する」などの攻撃的な文言が並ぶ。これはまさに大政翼賛体制への回帰であり、国民のニーズから出てきた政策ではないだけに強行するには文化や思想の統制に依存せざるをえなくなり、国民に対して疑心暗鬼で臨む姿勢が示されている。

誰が北朝鮮を必要としているか

「嫌韓本」「嫌中本」が書店の一角を占めるほど刊行されているわりに「嫌北本」が少ないのはなぜだろうか。インターネット上では韓国や中国に対しては差別的な暴言があふれている一方で、北朝鮮に対しては奇妙に寛容であり、もしくは独裁者の動静を興味本位で取り上げるていどにとどまる。それは情報が乏しいという理由もあるだろうが、根本的な理由は日本の保守政権こそが北朝鮮を必要としているからである。重村智計（ジャーナリスト）は著書で、東欧の社会主義が崩壊したのに北朝鮮はなぜ崩壊しないのかを分析している。[注28]

最大の要因は中国である。「社会主義国」中国が生き残り、北朝鮮を保護したからである。さらに、中国は北朝鮮を崩壊させたいとは考えていない。

中国にとっては、中国よりも民主化されない国が隣にあることが必要なのだ。中国よりも悪い国がある、ということが重要なのだ。中国よりも、民主化されず、人権問題を抱え、経済的にも遅れ、独裁で国民は飢餓に苦しんでいる。そうした国があるからこそ、批判の矛先が中国に向かわないのである。

もう一つの要因は、儒教である。朝鮮半島の儒教は、父親と目上の人を徹底して敬う価値観である。それを、指導者に徹底して従う価値観に、うまく利用した。儒教の価値観は、欧米の民主主義とはまったくかけ離れている。人権意識も、きわめて低い。それが、崩壊を防いだ。

この関係はまさに現在の日本にも当てはまる。自民党の改憲草案[注29]に明確にみられるように、儒教的価値観の利用の面でも酷似している。草案では憲法を国民の権利を制約する位置づけに変えることをめざしているが、それには「日本よりも悪い国」を必要とする。「北朝鮮よりはまし」という口実の下で日本国民の人権状況は低下を続け、北朝鮮に近づいてゆく。「政府の批判が許されているだけ日本はありがたい国と思え」という保守論者の常套句がそれを示している。

北朝鮮のミサイル発射・核実験の多くは、政治日程（記念日など）や技術的開発の進展との関係で実施されるかのように伝えられているが、実際には米韓軍事演習に同期して行われている。二〇一八年二月に安倍首相は韓国を訪問し、文在寅《ムンジェイン》大統領に対して米韓合同軍事演習を冬季五輪後に実施するよう求めた。[注30]文大統領はこれに不快感を示したが、朝鮮半島の緊張緩和に向けた模索が始まったときに、わざわざそれを妨害して北朝鮮側の挑発の口実に協力するような姿勢は、むしろリスクを必要とする理由があることを示している。それは国内のさまざまな重要課題から国民の関心を逸らすためである。

米国も同様に北朝鮮を必要としている。北朝鮮の弾道ミサイルが米国本土に到達可能になれば、迎撃ミサイルなど対抗手段の整備の必要性が主張される。しかしそれは同時に、米国から北朝鮮とおおむね等距離にある中国・ロシアに対しても使用できる。表向きは中国・ロシアを露骨に敵視することを避けつつ、軍備増強を正当化する根拠になる。[注31] これは二〇一〇年代から始まった米国全体の軍事力をアジア太平洋地域へシフトする戦略転換（リバランス）の一環である。北朝鮮の弾道ミサイルや核開発の実態がいずれであれ、米国本土への到達可能性というだけでも、世論とそれを背景とした議会に対して北朝鮮の脅威を利用することができる。

米国は欧州でも同じ手法を実行している。米国は二〇〇九年から南欧から東欧にかけてミサイル防衛システム（探知レーダーやミサイル）の配備を始めた。これはイランからのミサイル飛来に対処するものと説明されているが、本音はロシアが対象であるとしてロシア側は懸念を表明している。

実際には米国は北朝鮮の現状維持を望んでいると思われる。核弾頭を搭載した弾道ミサイルが米本土に到達する技術レベルに達していないかぎりは、米国にとって脅威にならない。二〇一七年十一月のトランプ米大統領と中国の習主席の会談では、北朝鮮を交渉に引き出し核開発の放棄を促す条件として、①米国は北の政権交代は求めない、②北の体制崩壊も求めない、③米国側から軍事境界線を超えて先制攻撃はしない、④朝鮮半島の統一を急がないという既定方針を確認したのではないかとの推測もある。

北朝鮮は過去の日本

現在の北朝鮮は、日本が辿った戦前から開戦、そして敗戦の崩壊へ至る道と多くの面で酷似している。日本は米国が石油の全面禁輸など経済制裁を加えたことを主要な理由として米国と開戦した。

「米英撃滅」など攻撃的な宣伝を展開していたがそれは国内向けであって、「撃滅」の中身は短期決戦で米国側の戦意を挫いて譲歩を引き出し、有利な条件で休戦協定に持ち込むまでが楽観的にみても限界であった。しかしそれも日本側の一方的な楽観にすぎず、米国側にその選択肢はなかった。北朝鮮も弾道ミサイルや核兵器を「自衛のため」と称している。核兵器を背景として圧力を加えたのは米国が先であることは国際的に周知であるからだ。一方で政治情勢についても類似性がますます強まっている。形式的な選挙は行われているが政権は実質的に世襲であり、その一族に軍事力を背景とした脅迫外交というドクトリンが受け継がれているという点も日本と北朝鮮は酷似している。ところで北朝鮮の一般大衆は弾道ミサイルや核兵器についてどのように受け止めているのだろうか。客観的に北朝鮮国民の意識調査を実施することは不可能であるが、戦時中の日本から類推すれば、弾道ミサイルや核兵器の成功は日本が行った「真珠湾攻撃」と同じ効果が期待されていると思われる。戦時中の日本の大衆の意識についての記録がある。注32

昭和一七年は戦勝気分に満ちて明けた。

真珠湾攻撃をはじめとする戦果は、中国との泥沼戦争へのいら立ちやアメリカ、イギリスに対する劣等感などを一気に吹き飛ばした。陸軍の専横、大政翼賛会をはじめ数々の報国会の時局便乗、愛国婦人会や隣組による私生活干渉などを苦々しく思っていた知識人や自由人でさえも、暗雲の晴れる思いだったといった感想を数多く残した。アメリカと戦争をしたら負けると心配していた人たちも、それを口にしなくなった。私は居間の壁に大きな東南アジアの地図を掛け、「皇軍」が占領した町々に日の丸を措いた小さな紙を貼っていった。二月十五日にはシンガポールが陥落した。南方からの砂糖が特配され、主婦や子どもを喜ばせたのもこの頃だった。

核弾頭やミサイルの開発に従事する北朝鮮の理工系の研究者・技術者は、政治的に功績を挙げて栄達をめざす動機、あるいは協力しなければ弾圧されるという負の動機も当然あるだろうが、それ以前に自分たちが設計・製作した核弾頭やミサイルの実験の成功を率直に喜んでいるはずである。旧陸軍の砲兵隊将校であった山本七平はフィリピンでの戦争体験から、米軍の圧倒的な戦力に晒されていた前線でさえも、設定した条件で砲撃がうまく命中すると兵士はゴルフでホールインワンを決めたように躍り上がって喜ぶと回想している。[注33] 砲兵隊は陸軍の中でも技能性が高い兵種である。こうした状況から考えるならば、北朝鮮は「外部からの圧力に妥協して核を放棄した」というシナリオを受け入れる可能性はまずない。

滑稽なことに保守系の論者には、大政翼賛体制が強化されて国民の権利が本格的に制限されるようになっても、政権に迎合していれば自分たちは自由に発言できて既得権が維持されるという楽観がみられる。また明らかに刑事犯罪に該当する手段で個人や団体に対する妨害活動[注34]を行う者が絶えず登場する。これは保守政権に協力しているのだから、あるいは「国益」に合致した行動だから優遇あるいは大目にみてもらえると錯覚しているのであろう。しかし体制翼賛体制が実際に確立したときには過去の政権への協力などに配慮されることはなく、政府が決めたこと以外の発言はできなくなるだろう。

これは過去の日本をみれば明らかである。伊藤整（前出）によると、戦時中の時局に迎合して羽振りが良かった右翼団体が、一九四三年十月に大政翼賛会が結成された後は影が薄くなったために過激な行動を計画し、検挙されるに至った事件が記録されている。[注35]また一九四一年四月に戦没者の家族を招いて催行された「靖国神社臨時大祭」に際して当時の警視庁は、トラブルを恐れて参加遺族の身辺調査を関係機関に指示している。[注36]政策が国民の要求に基づいたものではないことを自覚しているから、国家に生命を捧げるという最大の貢献をした英霊の家族に対してさえ疑心暗鬼で臨まざるをえなかったのである。それは現代でも同じであり、籠池泰典（学校法人森友学園元理事長）は保育園児に教育勅語を唱和させたり安倍首相を奉賛する言動を繰り返していたが、二〇一七年に学校用地払い下げに関して疑惑が発生し政権に都合が悪くなると、一転して逮捕され長期間拘留された。

ミサイルより危ない経済

日本の危機は、武力侵攻や核事故・自然災害のような物理現象を伴う側面だけではない。すでに経済も十分に危機的である。第二次安倍政権発足直前、安倍晋三・自民党総裁（当時）は雑誌の対談で「私は瑞穂の国には、瑞穂の国にふさわしい資本主義があるのだろうと思っています。自由な競争と開かれた経済を重視しつつ、しかし、ウォール街から世界を席巻した、強欲を原動力とするような資本主義ではなく、道義を重んじ、真の豊かさを知る、瑞穂の国には瑞穂の国にふさわしい市場主義の形があります。安倍家のルーツは長門市、かつての油谷《ゆや》町です。そこには、棚田があります。日本海に面していて、水を張っているときは、ひとつひとつの棚田に月が映り、遠くの漁火が映り、それは息をのむほど美しい。棚田は労働生産性も低く、経済合理性からすればナンセンスかもしれません。しかしこの美しい棚田があってこそ私の故郷なのです。そして、その田園風景があってこそ、麗しい日本ではないかと思います。市場主義の中で、伝統、文化、地域が重んじられる、瑞穂の国にふさわしい経済のあり方を考えていきたいと思います」と述べている。[注37]

すなわち米英流の新自由主義とは一線を画すと表明しているが、実際に第二次安倍政権が発足すると「国土強靭化」に代表される公共事業バラマキの一方で、TPPや労働規制緩和に象徴される新自由主義が混在した無原則な経済政策が始まった。一方では伝統、文化、地域を重んじているとも思えない。およそ道義や真の豊かさとはかけ離れている。この無原則に乗じて、バラマキ派と新自由主義派の双方の論者とその応援団は、互いに品位を欠く言説[注38]で罵倒し合いながら、自説に都合の良い政策は利用している。このように無秩序な政策では、弾道ミサイルが落ちなくても遠からず日本は崩壊するだろう。

浜矩子(国際経済・金融論)はこれまでの安倍政権の経済政策(いわゆるアベノミクス)の終着点として二つの結末を予想している。[注39]第一は、もし経済のメカニズムに任せたままで放任するならば恐慌に陥らざるをえないとの予想である。第二は、国が介入するとすれば統制経済の強行であり、具体的には一定額以上の預金凍結・強制的な国債転換(ただし売買禁止)・愛国税や愛国協力基金(仮称・浜矩子の命名)の導入などである。これまで起きていないのは、浜が指摘するように「さしあたり起こっていないことは、今後とも起こらないだろう[注40]」という楽観にすぎない。「恐慌」すなわち貨幣価値や為替レートの激変が、どのくらいの期間に、どのていど起きるかは不明であるが、高度成長期にまじめに働いた団塊の世代の蓄積がその受け皿として標的にされている。自民党の改憲案[注41]にある「緊急事態条項」は一見すると外国の武力侵攻を念頭に置いているように見えるが、経済的な緊急事態も想定されていることに注意すべきであろう。経済界や中産階級こそ、国内的な要因で発動される可能性を警戒すべきである。同改憲案では下記のように記述されている。

第九八条（緊急事態の宣言）
内閣総理大臣は、我が国に対する外部からの武力攻撃、内乱等による社会秩序の混乱、地震等による大規模な自然災害その他の法律で定める緊急事態において、特に必要があると認めるときは、法律の定めるところにより、閣議にかけて、緊急事態の宣言を発することができる。

第九九条（緊急事態の宣言の効果）
緊急事態の宣言が発せられたときは、法律の定めるところにより、内閣は法律と同一の効力を有する政令を制定することができるほか、内閣総理大臣は財政上必要な支出その他の処分を行い、地方自治体の長に対して必要な指示をすることができる。

「その他の法律で定める」とすれば憲法に制約されず無制限に拡大しうる規定であり、いわば憲法で憲法無視を定義している。このような事態は他国に例を求めるまでもなく日本で前例がある。戦時中に急速に増大する戦費を調達するために一九三八年から「貯蓄運動」が展開された。戦費調達の大半は公債であるが、戦争状態のため外債を募集できないから国民の貯蓄と国債の購入によらざるをえず、「国民貯蓄組合法（一九四一年制定）」が制定されて、産業団体をはじめ地域でも町内会・集落会・隣組などを動員して貯蓄と国債の購入が奨励された。[注42]同時期に「大政翼賛会」から『隣組読本　戦費と國債』[注43]という冊子が配布されている。現代のノウハウ本と似たQ＆A方式で、戦争遂行を支えるため国民運動として国債を購入すべき理由が解説されている。そこでは、国債を無制限に発行しても国民が貸し手であるから破綻するおそれはないと述べられている。最終的にその結末がどうなったかは誰もが知るところであるが、現代の財政出動論者[注44]が当時と全く同じ主張を展開し、言葉づかいまで酷似していることに注意すべきである。

もう始まっている戦争

実はすでに「戦争」が始まっているのかもしれない。岩本康志（公共経済学）は「日本は景気を相手に戦争を始めた」と表現している。[注45]図10―1は明治以来の政府債務残高のGDPに対する比率の経緯である。日本は戦時中でも、あるいは戦時中だからこそ統計を綿密に整備している。戦前に政府債務残高のGDP比率が急上昇する理由は戦争であった。戦費調達のために実体経済の実力以上に国債（公債）を発行したからである。最終的にはどうにもならなくなり、敗戦後に経済用語でいえばハイパーインフレ、要するにインフラも国民生活もすべて崩壊して債務は帳消しになった。日本は今のとこ

図10—1　GDPに対する政府債務残高の比率

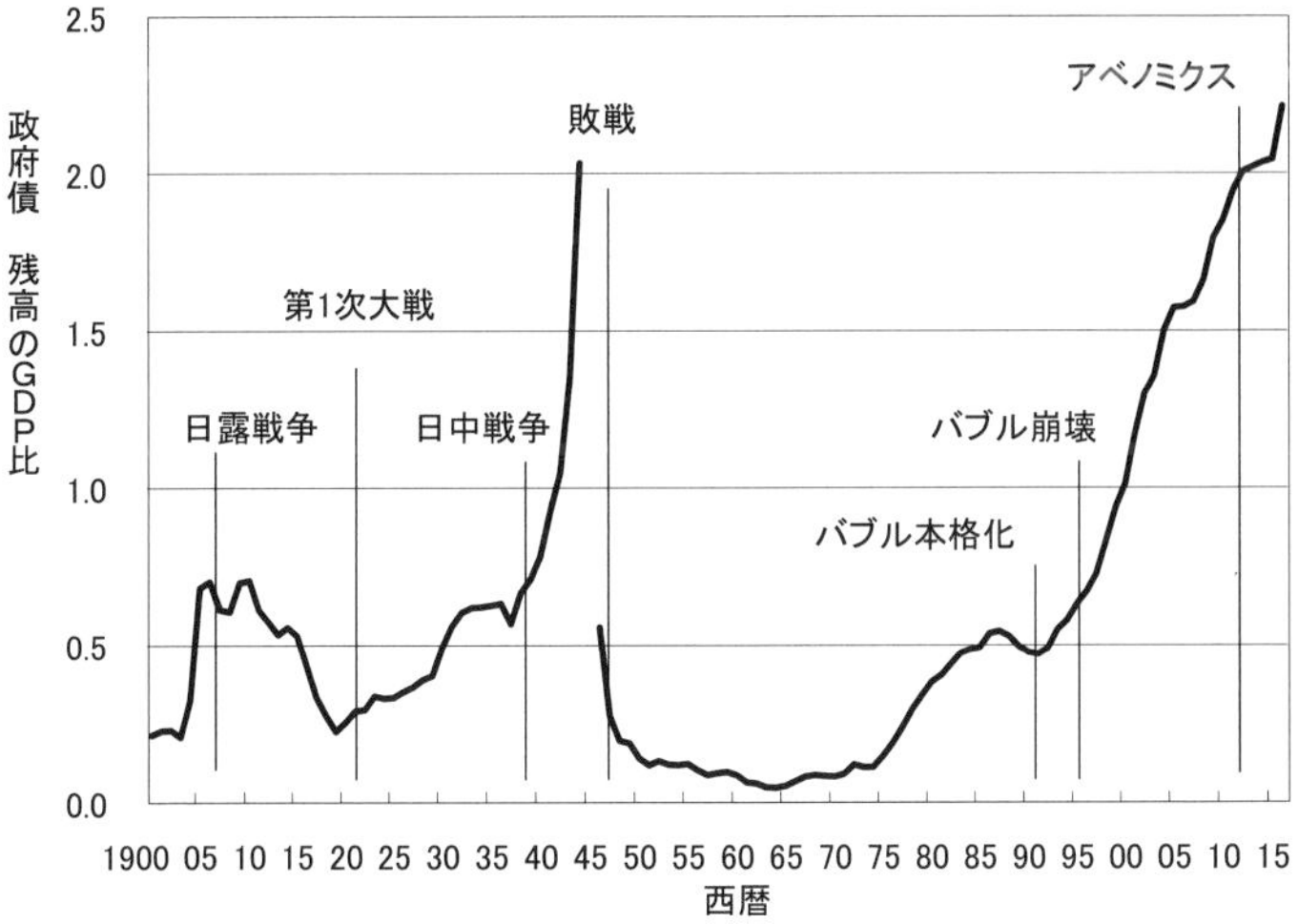

ろ物理的には戦争をしていないが、現在の政府債務残高のＧＤＰ比率が第二次世界大戦なみに上昇している。特に危機的になったのは九〇年代以降であるが、それ以前にインフレ傾向が続いていた高度成長の頃でさえも債務が膨張している。これは国債で公共投資を実施しても、累積債務を解消するほどの税収をもたらすだけの経済効果が得られなかったことを意味する。

　前述の大政翼賛会から配布された冊子では、現代のノウハウ本のようなＱ＆Ａ方式で、戦費調達のために国民運動として国債を購入すべき理由が解説されている。当時の統治機構の一部に組み込まれていた隣組を通じて配布されたものと思われる。巻末には「勝利へ！建設へ！　躍進日本　銃後の協力は國債を買ふことだ」との標語が掲げられている。冊子の中には次のような仮想質問が挙げられているが、それは常識を有する人々ならば国債について必ず抱く疑問を先取りして打ち消そうとする内容である。

「國債が消化しないと何故悪性インフレーシヨンになるのか」
「國債がこんなに激增して財政が破綻する心配はないか」
「將来政府は如何して此の多額の國債を償還するか」
「こんなに國債が增加しては将来國債の元利金を払はなくなる心配はないか」
「将来国債の値段が暴落する心配はないか」

もとより各々の仮想質問に対する回答は「心配ない」と断言する内容である。しかしこの数年後に冊子のすべての説明は崩壊して国債が紙屑になったことは否定しようのない事実である。ここで「当時は国力に見合わない無謀な対外戦争を行って破綻したが、現在は状況が異なる」と考えるのは誤りであり、実は状況は変わっていない。冊子の説明を読むと戦争との関連性は「多額の戦費の調達が必要」という点だけであって、その他は戦争と関係がない。たとえば「國債がこんなに激増して財政が破綻する心配はないか」に対する説明として次のように解説している。

國債が澤山殖《ふ》えても全部國民が消化する限り、すこしも心配は無いのです。國債は國家の借金、つまり國民全體の借金ですが、同時に國民が其の貸手でありますから、國が利子を支拂つてもその金が國の外に出て行く譯でなく國内で廣く國民の懐に入つて行くのです。一時「國債が激增すると國が潰れる」といふ風に言はれたこともありましたが、當時は我國の産業が十分の発達を遂げてゐなかつた為、多額に國債を発行するやうなときは、必ず大量の外國製品の輸入を伴ひ、國際収支の悪化や為替相場、通貨への悪影響の為我國経済の經濟の根底がぐらつく心配があつたのです。然し現在は全く事情が違ひ、我國の産業が著しく發達して居るばかりでなく、為替管理や各種の統制を行なつて居り又必要なお金も國内で調達することが出来るのでして、従って相當多額の國債を發行しても、經濟の基礎がゆらぐやうな心配は全然無いのであります。

「国内で循環しているだけだから累積債務が増えても破綻しない」という説明は、国内で食糧・エネルギー・資源がすべて自給できる場合には成立する可能性がある。戦前・戦中の日本は一時的とはいえ中国東北部から南太平洋までエネルギー・資源を押さえ（まさにそのための戦争であった）、国内で自給できる水力と石炭で一次エネルギー供給の八〜九割を占め、食料の面でも当時は自給可能であった。一九四一年頃からは米国の対日石油禁輸の影響が深刻化し石油の供給が激減したが、当時のエネルギー統計によれば民生用には自給資源である薪炭による一次エネルギー供給が石油をはるかに上回るようになった。当時と比較すると、食糧・エネルギー・資源のほとんどを輸入に依存するようになった現在の日本では、むしろ当時より潜在的リスクが大きいと考えられる。

いずれにしても自・公政権の経済政策は、過去に失敗した政策の寄せ集めを漫然と繰り返すのみであり、着地点を求める「出口戦略」がない。これは日露戦争以降の一連の戦争で失策を重ねながら同じことを繰り返して行き詰まった経緯と酷似しており、すべてを崩壊させる「敗戦」しか出口を見出せない事態が懸念される。

経済界こそ平和主義を

二〇一七年十一月のトランプ米大統領の訪日に際して、大統領は専用機で米軍基地に直接飛来し、そのまま米軍ヘリコプターでゴルフ場に向かった。この行動は表向きは警備上の便宜などとされているが、実際は「日本は米国の属国だ」という日本国民に向けたメッセージである。矢部宏治（作家）は米国が日本をどのように認識しているかに関して「国境のない日本」であるという。米国（米軍）は朝鮮戦争いらい、日本が基地・韓国が前線という位置の違いだけで、いずれも自由に出入りできる行動地域であって日本と韓国が別の国とさえ認識していないと指摘している。[注46]

日本の経済・産業は平和でなければ成り立たない。「軍需産業」に分類される業種はあるが、現時点では経済に対する寄与は大きくない。経済に関心のある人々こそ平和を訴えてゆく必要があり、好戦的な政権に対する支援をやめるべきである。浜矩子（前出）は自民党の経済政策は経済活性化・GDP増大を口実にした軍備増強が最終の目的であるとして「企業側も、『動機は不純な奴らでも、経済が元気になればまあいいじゃないか』式の発想で、彼らに振り回されないようにして欲しい。下心政治と対峙する時、企業経営者の見識が問われる」と警告している。[注47]

また二〇一七年九月十七日『東京新聞』の報道によると、日本の公的年金の積立金を運用する年金積立金管理運用独立行政法人（GPIF）が、軍事部門の売上高が世界で一〇位以内に入るすべての企業の株式を保有していることが明らかとなった。[注48]日本のミサイル防衛システムを構成するＳＭ３やＰＡＣ３の製造メーカーであるジェネラルダイナミクス社、レイセオン社も名を連ねる。記事では国民が拠出した年金や保険料が米国の軍事関連企業を支える倫理面の問題を指摘しているが、こうした点を別としても、マクロ経済学の観点から検討しても、第九章で検討したように、軍事費の増加による経済波及効果は他の政策に比べて大きくない、もしくはマイナスという報告も少なからずみられる。[注49]経済界こそ真剣に平和主義を訴えるべきである。

今日の日本の繁栄は、海外からの資源やエネルギーの輸入なしにはありえない。それは武力を背景に海外から奪取してきたのではない。民間企業の関係者が苦労して平和的手段を積み重ねることによりもたらされた結果である。

二〇一七年十二月六日にトランプ米大統領がエルサレムをイスラエルの首都と認定したことに対して、ＥＵ・英国・ドイツ・フランスが一斉に反対を表明する中で日本は米国に追従して黙認している。日本が中東諸国から敵視されればエネルギーの多くを中東に依存する日本は経済に重大な支障を来すことになる。

エネルギーがなければ自衛隊も屑鉄にすぎない。民間企業の関係者は今でも海外で自衛官よりはるかに危険かつ支援体制も乏しい環境で働いており、現に二〇一三年一月のアルジェリア人質事件[注50]のような犠牲を出している。同じくアルジェリアでは、日本国内では生命のリスクがほとんどない虫垂炎の対処ができず駐在員が死亡した例もある。このような犠牲を払って積み重ねてきた日本の繁栄を、好戦論者の妄想に起因する暴発で終わらせてよいのだろうか。

「文民」が戦争を起こす

一般に民主主義国家では軍事に関してシビリアン・コントロール（文民統制）の体制を採るべきであると言われる。軍人（軍隊）が政治的決定権を掌握あるいは関与すると暴走する可能性が高いから、軍隊に対する最終的な管理・命令権は文民（現役軍人でない者）が把握すべきであるという考え方である。しかし実際のところ戦争を起こすのは文民である。前述のように戦費を決めるのは文民であり、独裁国であれ社会主義国であれ戦費がなければ軍隊は動かない。どの国でも後方にいる者、安全な場所にいる者ほど勇ましいことを言う。

文民統制は軍人の暴走を抑える機能もあるが、逆に軍人が戦争を望まなくても文民が戦争を決定すれば戦争が始まることも意味する。後方で安全な場所にいる文民が戦争に慎重であるという保証は全くない。むしろ歴史的にほとんどの戦争は文民が始めたものである。政治体制という観点であれば戦時中のドイツでさえ、ナチス党が国防軍を支配下に置く文民統制であった。現場の軍人の中にも冒険的・英雄的行動を好む者は存在するであろうが、多くの軍人は無謀な行動をすれば自分自身や部下・同僚の生命が危険にさらされるから勝手な暴走はしない。あえて危険な行動を実行するのは命令による場合のみである。

憲法九条への自衛隊明記と並行してシビリアンコントロールも合わせて明記を検討するとの提案もある。[注51] これはなんら歯止めにならない。前述の「改憲草案」では第七二条三項で内閣総理大臣は最高指揮官として国防軍を統括すると規定している。さらにその説明として「日本国改憲草案Q＆A増補版」[注52]では、内閣総理大臣は最高指揮官であるから国防軍を動かす最終的な決定権は防衛大臣ではなく内閣総理大臣にあること、法律に特別の規定がない場合には閣議にかけないで国防軍を指揮するとされている。これでも仕組みとしては「シビリアン・コントロール」であって、暴走を防ぐ機能がないどころかかえって誘発するおそれもある。この案どおりに憲法が変えられて何らかの緊急事態が発生したら、既成事実を作るため、あるいは単に自身の権力発揮のために国防軍を動かしてしまうおそれがある。

日本では意外なことに戦時中でも議会は停止されず開催されていた。女性参政権こそ戦後であるものの一九二八年には男子の普通選挙（年齢のみの条件での選挙権付与）が実施されていた。もっともこれは民主主義の観点よりも徴兵制の裏付けとして必要とされた性格もある。第二一回衆議院総選挙は一九四二年四月に行われ、「大東亞　築く力だ　この一票」という投票奨励ポスターが作られている。この選挙では当時の軍政に協力的な議員で議会を構成するために、大政翼賛会が推薦候補を選定する方策がとられたが非推薦者も立候補は可能であった。推薦候補に対しては当選させるための優遇策が実施される一方で、非推薦候補に対しては公然と妨害活動が行われた状況にもかかわらず、定員四六六名のうち非推薦議員が八五名を占めた。これは現在の国会の議席構成とよく似ている。

東條英機内閣（一九四一年十月～一九四四年七月）では東條が現役軍人であり首相・陸軍大臣・内務大臣を兼務し、一見は軍人が政治的決定権を掌握した形ではあったが、一九四四年七月のサイパン陥落に対する引責との理由で東條内閣が総辞職している。これに対してドイツでは、いかに作戦が破綻しようとヒトラーの引責辞任は考えられず、同じファシズム政権であってもその構造に大きな相違があった。かといって日本では議会政治が機能していたとも言えず「集団無責任体制」の一環であったともいえよう。

教育が戦争も平和もつくる

前川喜平（前文部科学省事務次官）は「たとえば隣の国の人のことをよく知らないと、何か悪いことをするのではないかという不安や不満が募り、さらに憎悪や敵視の対象になって、相手は悪いやつだと思いこむようになる。こうして『無知』が根本原因で、最後は戦争に至るということが起こりかねない。だから、隣の国の人たちについて学ぶことは非常に大事です。権力者は人々の『無知』につけ込み、外に敵をつくることで国内の結束を固めようとします。私は一九二〇年代から三〇年代のドイツの歴史に学ぶべきだと思います。古今東西の権力者がやってきたこのような常套手段にだまされないためにも、学習は必要です[注53]」と述べている。

一九四四年に米国防省・陸軍省などが制作した「敵国　日本を知れ」という宣伝映画がある[注54]。欧州戦線の収束の見通しが立った時期であり、映画の冒頭では日系二世部隊の欧州における貢献を讃えるなど米国内の日系人にも配慮したうえで「今なお自由の意味を知らない日本人」について紹介する映画であると述べている。敵対心を煽るだけでなく、気の毒な日本人を軍部の圧政から解放することを大義名分に掲げて対日戦争を正当化する姿勢を示している。もっとも米国の対外武力行使は現在に至るまで常にこの大義名分で行われているから戦時中の日本に限ったことではない。映画の内容は、神道と仏教の混同、伝統文化に対する無理解や、実写と創作映像を混在させたイメージ操作など疑問点が少なからずみられる。しかし低賃金・長時間労働が国民の福利向上に結びつかず軍備増強に向けられていること、都道府県知事は国から派遣され中央集権体制の一環であることなど、当時の状況が的確に説明されている。中でも重要な指摘がみられるのは教育である。

日本の戦争指導者が権力を維持できた最大の理由は教育制度だと分析している。日本人の就学率や識字率はきわめて高いが、学校は知性を育てる場所ではなく単純な技術のみを教え、政府が選んだ情報しか伝えられず、画一的な生徒の大量育成が教育の目的となっていると指摘し、最も重要な目的は「行動の基本は目上《めうえ》の者への服従」にあると分析している。現在でも学校や部活動で教員・コーチによる身体的・精神的暴力による支配、個人よりも集団を優先する価値観の強要が繰り返されるのは、教育の基本的な性格が敗戦後も変わっていないことを示している。

画一的な生徒の大量育成の一方で日本には重要な政策を託すべき真の「エリート」がいない。エリートに求められるのは、唯一の正しい答がない課題に対して方向性を見出す能力である。外交はその典型的な課題である。しかし現在の日本の受験教育で強調されるのは「出題者の意図を推測しなさい」という技能であり哲学や思想は求められていない。問題に初めから模範回答が設けられており、いかにそれを推測するかが重視される。すなわち日本の教育は「忖度《そんたく》の達人」の養成である。日本の外交における存在感が弱いと不満を示す論者が少なくないが、それは軍事上の存在感が足りないからではない。忖度の達人が中央官庁の官僚の主流を占めるかぎりは、模範回答が存在しない課題に対しては「放置」しか選択肢がないからである。

北朝鮮による拉致問題にも官僚は同じ姿勢で臨んでいる。安倍政権は北朝鮮に対して強硬姿勢を標榜してきたが、拉致問題には積極的な姿勢がみられなかった。米国に追随した圧力を繰り返すだけで拉致問題には一向に進展がない。圧力は交渉とセットではじめて意味を持つのであり、相手が北朝鮮ということもあり現実には有効な手が乏しい。すなわち模範回答がない問題である。故意に先送りして被害者や家族が高齢化するのを待っていることは明らかである。

あらゆる分野についてこの弊害がみられる。二〇一三年三月に「原発事故子ども・被災者支援法」を担当していた官僚の水野靖久（復興庁参事官・当時）の「左翼のクソ」発言事件もその一例である。水野は自らのツイッターで「左翼のクソどもからひたすら罵声を浴びせられる集会に出席。不思議と反発は感じない。感じるのは相手の知性の欠如に対する哀れみのみ」（二〇一三年三月七日）と書き込んでいた。これは「放射線被ばくと健康管理のあり方に関する市民・専門家委員会」主催の国会内セミナーに出席した際のものである。このほか水野靖久は被災者や「子ども被災者支援議連」の議員、さらには被災地の自治体議員らを中傷する発言を繰り返していたことも明らかになった。[注55] 水野は「左翼のクソ」発言の翌日には「今日は懸案が一つ解決。正確に言うと、白黒つけずに曖昧なままにしておくことに関係者が同意しただけなんだけど、こんな解決策もあるということ［注・前日の原子力災害対策本部の会合で復興大臣から提示された方針］」（二〇一三年三月八日）と書き込んでいるが、ここが重要なポイントである。

すなわち福島事故で大量の放射性物質が広範囲に飛散したことは前例もなく、何を提案してもさまざまな立場の住民の不安・不満を解消する単一の妙案はない。そこで到達した結論が「曖昧なままにしておくことに関係者が同意」であった。すなわち水野が「左翼」と表現したのは字義どおりの社会主義の信奉者という意味ではない。誰も責任を取らず、具体的な施策を先延ばしにして曖昧なままにしておくという官僚の模範回答が舞台裏で作られているのに、それを忖度せず正論を主張する人々が水野のいう「左翼」であり「知性の欠如」である。

一連のオウム真理教事件も日本のエリートの負の側面が具体化した典型である。オウム真理教事件で主要な役割を担ったスタッフや実行犯の中には、オウム真理教に接触する以前は勉強やスポーツで良い成績を収めた「優等生」が少なくない。民間企業の社員・公務員・研究者などとして過ごしていれば有能な人材として重用されていたであろう。このため「社会経験の乏しい優等生が、神秘性を装う教義に抵抗力がなく引き込まれた」という解釈が示されることがあるが、それは正しくない。オウム真理教は典型的な日本型の組織である。民間企業の社員・公務員・研究者に適合した優等生であるからこそオウム真理教で中心的な役割を担ったのである。組織における優等生は、いったん実務に携わるとその仕事の倫理や目的を主体的に考えず、自分の判断を表明しないことが美徳となり、組織から与えられた役割を熱心に遂行することで評価される。さらに「忠誠競争」[注56]の要素がこれを加速する。会田雄次は有名な著作『アーロン収容所』で日本人の特性について「日本軍の、命令には絶対服従というのは、長いものには巻かれろという心理の基礎の上に立っている」「個人としてはよくても、群衆となると手におえぬ馬鹿なことをする。この点、戦前も捕虜中も現在もちょっとも変わりがなさそうだ。私たち日本人は、ただ権力者への迎合と物真似と衆愚的行動と器用さだけで生きてゆく運命を持っているのだろうか」と述べている。[注57] 同著の初版は一九六二年であるが、迎合・物真似・衆愚・器用は近年ますます傾向を強めているように思われる。

矢部史郎（現代思想・哲学）は現代の日本を「原子力都市」と名づけ、無関心が美徳とされると指摘している。「かつて工業都市における情報管理は、嘘や秘密を局所的・一時的に利用するだけで充分だった。しかし、原子力都市における情報管理は、嘘と秘密を全域的・恒常的に利用する。嘘と秘密の大規模な利用は、人間と世界との関係そのものに作用し、感受性の衰弱＝無関心を蔓延させる。原子力都市においては、世界に対する関心は抑制され、無関心が美徳となる。能動的な態度は忌避され、受動的な態度が道徳となる」[注58] という。なおこの文章は二〇一一年三月の福島原発事故の前年のものである。筆者の経験では、福島原発事故当時に建屋が続けて爆発し、首都圏でも水道水からヨウ素が検出された時期に、公園でゲートボール大会が行われていた。同時期に筆者自身が広島に出張せざるをえない用件があり赴いたところ、現地では広島カープが珍しく三連勝したことが大きな話題として取り上げられていた。原子力の商用利用でさえ人々の無関心を必要とするならば、核武装に至ってはさらに無関心を徹底する必要が生じるだろう。

注

注1　照井資規「日本でテロが起きると死者が膨大になる理由」『東洋経済オンライン』二〇一六年十一月六日
http://toyokeizai.net/articles/-/143629

注2　二〇〇二年十月十二日に、インドネシアのバリ島南部の繁華街で自動車に仕掛けてあった爆弾が爆発し外国人

観光客など二〇二名が死亡した。同国内のイスラム派組織が実行したものとされている。

注3 『東奥日報』二〇一五年七月一日号その他 http://www.toonippo.co.jp/tokushu/danmen/20150701003151.asp

注4 東京電力「凍土方式による陸側遮水壁」 http://www.tepco.co.jp/decommision/planaction/landwardwall/index-j.html

注5 「放射線防護シェルター開発」『電気新聞』二〇一四年六月十八日

注6 阿部等「【沿線革命〇五〇】鉄道テロ対策は、手荷物検査より不審者検知・追跡システムを！」『現代ビジネス』（Ｗｅｂ）二〇一五年七月九日 http://gendai.ismedia.jp/articles/-/44099

注7 阿部等「鉄道に不審者検知・追跡システムの導入を――世論は防犯カメラ増設を歓迎している」『ＮｅｗｓＳｏｃｒａ』（Ｗｅｂ）二〇一六年三月九日 https://socra.net/society/

注8 http://www.nikkei.com/article/DGXLZO95678880Q5A231C1CR8000/「防犯カメラ設置『増やして』六割　民間調査、『不快』は一五％」『日本経済新聞（Ｗｅｂ版）』二〇一五年十二月三十日

注9 ＪＲ東日本「Ｓｕｉｃａに関するデータの社外への提供について」 http://www.jreast.co.jp/pdf/20140320_suica.pdf

注10 オムロン（株）「弊社グループ会社の研究開発における画像情報利用に関するお詫び」 http://www.omron.co.jp/press/2014/07/c0712.html
二〇一五年九月に「個人情報の保護に関する法律」の改正が行われて匿名加工情報が規定されるなどの状況を受け、ＪＲ東日本はＳｕｉｃａデータの社外提供に関する有識者会議を開催する等の対応を行っている。

注11 小川進『防犯カメラによる冤罪』緑風出版、二〇一四年、四頁

注12 二〇〇八年五月に舞鶴市（京都府）で発生した女子高生殺害事件で五十九歳男性（当時）が逮捕されたが、検察側が証拠として提出した防犯カメラの画像は不鮮明であり証拠能力を否定された。裁判そのものは最高裁まで争われ、二〇一四年七月に当該事件については無罪が確定した。

注13　二〇一八年二月十日各社報道
注14　日本弁護士連合会「監視カメラに対する法的規制に関する意見書」二〇一二年一月
http://www.nichibenren.or.jp/activity/document/opinion/year/2012/120119_3.html
注15　自民党憲法改正推進本部ウェブサイト　http://constitution.jimin.jp/draft/
注16　水島朝穂『「内なる敵」はどこにいるか　国家的危機管理と「民間防衛」』『三省堂ぶっくれっと』一一五号、一九九五年
注17　水島朝穂・大前治『検証防空法 空襲下で禁じられた避難』法律文化社、二〇一四年
注18　「青森空襲を記録する会」ウェブサイト　http://aomorikuushuu.jpn.org/
当事者は「自主」が「指示によらず勝手に移動した」との印象を与えるとして「区域外避難者」の名称を推奨している。
注19　地域によって自治会・常会・町会・その他固有名詞（マンション名など）の異なった呼び方がある。
注20　江波戸昭『戦時生活と隣組回覧板』中央公論事業出版、二〇〇一年、六頁
注21　鈴木嘉一『隣組と常會』誠文堂新光社、一九四〇年、三頁
注22　大政翼賛会宣傳部編『随筆集　私の隣組』三七、四五頁
注23　伊藤整『太平洋戦争日記（二）』新潮社、一九八三年、三〇五頁
注24　「市職員、個人情報六四八人分渡す　自治協議会長に」『毎日新聞』二〇一八年三月十六日
注25　『国土強靭化　日本を強くしなやかに』六一六頁。なお同様の政策リストが六一〇頁にもあるが前者を引用した。
注26　山村武彦『近助の精神　近くの人が近くの人を助ける防災隣組』金融財政事情研究会、二〇一二年
注27　自由民主党国土強靭化総合調査会編『国土強靭化　日本を強くしなやかに』相模書房、二〇一二年四月、六頁。
注28　重村智計『北朝鮮はなぜ潰れないのか』ベスト新書、二〇〇七年、八二頁
注29　自民党憲法改正推進本部「日本国憲法改憲草案」http://constitution.jimin.jp/draft/

注30 「韓国大統領、安倍首相に不快感　五輪後の米韓演習要請」『日本経済新聞』二〇一八年二月十日ほか各紙報道
注31 伊藤俊幸「元海将が明かす、核戦争前提で北を先制攻撃する『五〇一五作戦』の全貌（上・下）」『ダイヤモンド・オンライン』二〇一七年十一月二十一日　http://diamond.jp/articles/-/150271、http://diamond.jp/articles/-/150371
注32 宮脇俊三『時刻表昭和史』角川書店、一九八〇年、一二六頁
注33 山本七平『私の中の日本軍』文藝春秋、一九七五年。一七〇頁
注34 「負けるな北星！の会」記録編集委員会『北星学園大学バッシング　市民はかく闘った』二〇一七年七月、海渡雄一編著『反原発へのいやがらせ全記録　原子力ムラの品性を嗤う』明石書店、二〇一四年など。
注35 伊藤整『太平洋戦争日記（二）』新潮社、一九八三年、一四七頁
注36 早川タダノリ『神国日本のトンデモ決戦生活』ちくま文庫、二〇一四年、三六頁
注37 安倍晋三「新しい国へ」『文藝春秋』二〇一三年一月号、一二四頁
注38 二〇一五年二月前後に、橋下徹大阪市長（当時）と藤井聡京都大学教授・内閣官房参与が互いにインターネット上で「ヘドロ」「チンピラ」「ヒトラー」等の言辞を用いて言い争った。藤井側の応援団である中野剛志（経済産業省）・三橋貴明（経済評論家）は二〇一二年に『売国奴に告ぐ！』（徳間書店）等で新自由主義を批判している。
注39 浜矩子『アホノミクス完全崩壊に備えよ』角川新書、二〇一六年、一五一頁
注40 前出・浜矩子、八一頁
注41 前出・自由民主党憲法改正推進本部
注42 小林啓治『総力戦の正体』柏書房、二〇一六年、二三八頁
注43 大政翼賛会『戦費と國債』一九三六年。当時大量に配布されたものと思われ現在も古書市場で入手可能。
注44 国土強靭化総合研究所編『国土強靭化　日本を強くしなやかに』相模書房、二〇一二年・同その二、二〇一二年・同その三、二〇一三年

注45　藤井聡『列島強靭化論　日本復活五カ年計画』文春新書八〇九、二〇一一年

注46　中野剛志・三橋貴明『売国奴に告ぐ！』徳間書店、二〇一二年など

注47　岩本康志（ブログ）「景気との戦争」https://blogs.yahoo.co.jp/iwamotoseminar/30210307.html

注48　矢部宏治『知ってはいけない　隠された日本支配の構造』講談社現代新書、二〇一七年、七八頁

注49　前出・浜矩子、三二頁

注50　「GPIF年金運用　軍事上位一〇社の株保有　本紙調べ」二〇一七年九月十七日『東京新聞』

注51　ポール・ポースト著・山形浩生訳『戦争の経済学』バジリコ、二〇〇七年

注52　http://d.hatena.ne.jp/himaginary/20091114/military_spending_and_economic_growth

注53　http://www.eurus.dti.ne.jp/~freedom3/economic-defence-2004-sai-axx.htm

注54　http://www.magazine9.jp/morinaga/dai001/

注55　二〇一三年一月十六日、アルジェリアのイナメナス付近の天然ガス設備の建設現場をイスラム系武装集団が襲撃し、日本の企業関係者一〇名が死亡した。

注56　第四八回衆議院議員選挙に際して、二〇一七年十月七日のインターネット番組での党首討論での安倍晋三発言、二〇一七年十月七日『日本経済新聞』ほか各社報道

注57　https://jimin.ncss.nifty.com/pdf/pamphlet/kenpou_qa.pdf

注58　前川喜平「教育が『憲法の理想』を実現する」『世界』二〇一八年一月号、一六三頁（二〇一七年十月の前川講演による）

注59　Department of Defense, Department of the Army, Office of the Chief Signal Officer "Know Your Enemy: Japan", 1944
動画は https://www.youtube.com/watch?v=sjxpfoQY3Fc&t=728s で視聴可能

注60　http://www.ourplanet-tv.org/?q=node/1598

注61　奥村宏『会社はどこへ行く』NTT出版、二〇〇八年、一六五頁

注57　会田雄次『会田雄次著作集第一巻「アーロン収容所、アーロン収容所再訪」』講談社、一九八〇年、一一七頁、一三二頁

注58　矢部史郎『原子力都市』以文社、二〇一〇年、一五頁

おわりに——攻撃しない・されない国へ

筆者は北朝鮮の文字を見るたびに思い出す話がある。中学生のころ、夏休み中だが登校日だったのか教室で担任の先生の話を聞いた。女性の先生で「今日は暑いから、君たちが涼しくなるような話をしよう」と戦時中の体験を話しだした。夫の赴任に従って朝鮮半島北部にいたが、一九四五年八月九日にソ連軍が対日侵攻作戦を開始した。妊娠していてその日が出産だった。夫とは連絡がとれず、助けてくれる人もなく一人で出産し自分で後処理をしてから、乳児を抱えて南へ向かって避難を始めた。昼間は山中に隠れ、夜間に歩いて移動してようやく三八度線[注1]を越えた時には力尽きて動けなくなったという。

内地では八月十五日を境に空襲の恐怖が去り、町の照明が明るく灯った光景を回想した文章が多く残っているが、外地ではそのような事情を知る由もない。日本が降伏文書に正式に署名して大本営から全軍に降伏命令が布達されたのは九月二日であり、その間にもソ連軍は侵攻を続けて朝鮮半島北部を占領した。在留邦人は「ソ連軍は怖い、米軍占領地域へ逃げれば助かる」という情報あるいは伝聞に従って行動したのであろう。このような経緯や周囲にソ連抑留経験者が多かったこともあって、先生は折に触れてソ連への嫌悪を口にしていた。当時のソ連兵は規律が低く非人道的な行為を平気で行

う と怖れられていたが、国籍や人種の問題ではない。戦争があればどこでも同じ事態が起きるからである。

そこでもう一つ思い出す話がある。米国海兵隊員としてベトナム戦争に参加したアレン・ネルソンの体験談である。[注2] パトロール中に敵の急襲を受けて農家の裏庭にあった防空壕に逃げ込むと人の気配を感じた。当時の状況では壕の中で人の気配を察知すれば反射的に銃の引き金を引くはずだが、その時はなぜか発砲しなかった。それは壕の中に潜んでいたベトナム人の女性が出産する瞬間であった。呆然としたままアレンは手を出して胎児を受けとめた。女性は自分で臍帯を噛み切り後産を済ませてから胎児を抱えて壕を走り出て森に逃げ込んだ。それからアレンの戦争に対する考え方が変わり、米国に帰還してから長くストレス障害（ＰＴＳＤ）に悩まされたのちに平和運動に従事するようになった（二〇〇九年没）。

石川県の谷本正憲知事は二〇一七年六月二十一日に金沢市内で開かれた会合で「兵糧攻めで北朝鮮国民を餓死させなければならない」と発言（翌日に撤回）した。[注3] 自民党の麻生太郎副総理・財務相は二〇一七年九月二十三日の講演で、朝鮮半島で緊急事態が発生した場合に日本に漂着する難民が武装している状況を想定したとして「射殺」に言及した。[注4] わずか七〇年ほど前に日本人が遭遇した苦難を忘れて他人事と思っているのだろうか。

人々が商用や観光で気軽に訪れるソウルの位置を東京とすれば、距離的に埼玉県あたりはもう北朝鮮にあたる。韓国は時々の政権によって北朝鮮に対する姿勢に温度差はあるが、短期的には現状での安定、そして最終的には平和的統一を求めているはずである。米国と北朝鮮は双方で攻撃的な言葉の応酬を繰り返してきたが、実際のところそれらは各々の国内向けのアピールである。遠藤誠治（国際政治学）は「各国内部の格差の拡大を背景として、各国の政権が、困難をともなう内政上の問題への対処を回避しつつ、統治を容易にするためにナショナリズムを動員しているという面があることにも目を向ける必要がある」「他国に対して攻撃的な姿勢をとらない平和主義の選択によって、日本自身は、東アジアと世界に安定をもたらすという貢献をなしてきた」と指摘している。[注5]

一九九〇年代後半から二〇〇〇年代初頭にかけて、北朝鮮の一般市民の日常生活を記録した写真集がある。[注6] 撮影者はＫＥＤＯ（第二章参照）の韓国側の写真担当者として北朝鮮の咸鏡南道《ハンギョンナムド》・新浦《シンポ》市周辺を訪れた機会を利用して隠し撮りで多くのシーンを記録している。公認されたスタッフとはいえ北朝鮮側の案内兼監視員が常に同行していたであろうし、デジタルカメラもない時期によくこれだけ撮影してフィルムを持ち出したと驚く写真が収録されている。海軍造船所や潜水艦基地があるとされる新浦港や馬養島《マヤンド》が写っているカットまであり大変な危険を冒した撮影であったことが想像される。

この時期は金正日政権下の「苦難の行軍」と呼ばれる食糧危機にかかっており、北朝鮮としては一般市民の日常生活など見られたくない光景であろう。ＫＥＤＯで外国人が出入りすることを意識して新浦市周辺では物資の配給などが優遇されていたようであるが、それでも現地の人々の厳しい日常生活が捉えられている。かりに自由に撮影してよいと言われても相手に断られそうな場面ばかりである。しかしその光景はつい数十年前の日本や韓国とそれほど違わない。平和的に統一が達成されて円滑に成長軌道に乗ることができれば、さほど遠くない時期に北朝鮮の人々も日本や韓国なみの生活水準を獲得できる可能性もある。またインドや中国のように広大な国土の多宗教・多民族国家ではないから、地域格差を広げずに全体が底上げできるであろう。

北朝鮮の人口は韓国のおよそ半分であるが、鉱物資源は豊富といわれる。現状で北朝鮮の経済水準を向上させると軍備に回される懸念もあろうが、いずれかで臨界点を越えれば民主的な政権を求める推進力が高まる。双方の国そのものの早期統一は難しいとしても、平和的に経済交流が行われ北朝鮮が韓国なみの経済水準に近づいてゆけば必然的に独裁体制は弱まるであろう。かりに北朝鮮が韓国なみの経済レベルになり、人口の割合に応じて貿易が行われたとして第九章と同様に試算すると日本にも大きな経済効果がもたらされる。その効果はＧＤＰへの寄与が約二兆六五〇〇億円、従業者数への寄与が約二八万人、雇用者所得への寄与が約一兆三六〇〇億円に及ぶ。

経済レベルや教育程度が向上するほど紛争の確率が下がることはよく知られている。日本・韓国・北朝鮮がともに「人間の価値が高い国」になれば、いずれも「攻撃しない国・されない国」になるはずである。そして遠い道のりかもしれないが「北東アジア非核兵器地帯（第四章）」の実現をめざしたい。

注

注１　この時の三八度線とは、八月十六日に米国とソ連の間で分割占領が合意され暫定の境界線として決められたもので、現在の休戦ラインとは若干異なる。
注２　アレン・ネルソン『ネルソンさん、あなたは人を殺しましたか？』講談社、二〇〇三年、一〇六頁
注３　『産経ＷＥＳＴ』二〇一七年六月二十二日ほか各社報道

注4　『朝日新聞』二〇一七年九月二十四日ほか各社報道
注5　前出『YEARBOOK二〇一五～一七　核軍縮・平和』一五頁、二一頁
注6　石任生《ソクイムセン》（撮影）・安海龍《アンヘリョン》（文）・韓興鉄《ハンフンチョル》（訳）『北朝鮮の日常風景』コモンズ、二〇〇七年

[著者略歴]

上岡直見（かみおか　なおみ）

1953 年 東京都生まれ

環境経済研究所 代表

1977 年 早稲田大学大学院修士課程修了

技術士（化学部門）

1977 年～ 2000 年 化学プラントの設計・安全性評価に従事

2002 年より法政大学非常勤講師（環境政策）

著書

『乗客の書いた交通論』（北斗出版、1994 年）、『クルマの不経済学』（北斗出版、1996 年）、『地球はクルマに耐えられるか』（北斗出版、2000 年）、『自動車にいくらかかっているか』（コモンズ、2002 年）、『持続可能な交通へ―シナリオ・政策・運動』（緑風出版、2003 年）、『市民のための道路学』（緑風出版、2004 年）、『脱・道路の時代』（コモンズ、2007 年）、『道草のできるまちづくり（仙田満・上岡直見編）』（学芸出版社、2009 年）、『高速無料化が日本を壊す』（コモンズ、2010 年）、『脱原発の市民戦略（共著）』（緑風出版、2012 年）、『原発も温暖化もない未来を創る（共著）』（コモンズ、2012 年）、『日本を壊す国土強靭化』（緑風出版、2013 年）、『原発避難計画の検証』（合同出版、2014 年）『鉄道は誰のものか』（緑風出版、2016 年）、『JR に未来はあるか』（緑風出版、2017 年）

Jアラートとは何《なに》か

2018年6月30日 初版第1刷発行　　定価2500円＋税

著　者　上岡直見©
発行者　高須次郎
発行所　緑風出版
〒113-0033　東京都文京区本郷2-17-5　ツイン壱岐坂
［電話］03-3812-9420　［FAX］03-3812-7262［郵便振替］00100-9-30776
［E-mail］info@ryokufu.com［URL］http://www.ryokufu.com/

装　幀　斎藤あかね　　カバー写真　Tomo.Yun
制　作　R 企 画　　印　刷　中央精版印刷・巣鴨美術印刷
製　本　中央精版印刷　　用　紙　大宝紙業・中央精版印刷　　E1200

ISBN978-4-8461-1809-9　C0031